转型期农村生活污染治理的机制选择

——基于浙江三个村庄的经验研究

蒋 培 著

中国农业出版社
北 京

项目支持：浙江农林大学科研发展基金（人才启动项目）

立项编号：2020FR077

前　言

改革开放以来，随着农村经济社会的变化，农村生活污染问题越来越成为当前全社会关注的重点。从中央政府到地方政府，以及社会公众、社会组织、媒体都把应对农村生活污染问题作为推进农村发展的重要内容之一。乡村振兴战略实施以来，国家加大对农村生态宜居目标的重视，进一步促进了农村生活污染治理节奏的加快。

本书选取了浙江省三个典型村庄作为研究对象，梳理了政府主导型、内发调整型、多元主体互动型三种环境治理机制应对农村生活污染的不同作用机制与治理效果。并且，根据不同环境治理机制在应对生活污染问题时呈现的治理特点，阐释了治理机制运行所遵循的实践逻辑。在此基础上，对各项农村生活污染治理机制做了横向比较，进一步明确不同机制所具有的优势与不足。政府主导型环境治理机制应对生活污染问题具有集中力量办大事、整合多方面资源和高效率的优点，但也面临着治理方式不适应农村社会、治理过程容易出现矛盾等问题。而内发调整型环境治理机制表现为村庄在政府主导型治理机制的基础上做出了调整，提高了环境治理机制在农村社会的适用性。多元主体互动型环境治理机制则基于地方政府、村民群体、市场机制与社会组织等主体在生活污染治理过程中的互动、协商与博弈，达成环境治理的共识，提高了治理机制的精准度与针对性。

通过不同农村生活污染治理机制的比较研究，有助于进一步理解农村生活污染得以有效治理的各类制度条件与社会基础。本书从政府、村庄与市场三个最主要的主体来分析：一是地方政府首先需要从治理理念与治理机制上做出改变，把农村社会的实际状况与村民的生产生活需求纳入环境管理过程中。二是村庄作为农村生活污染最重要的主体之一，需要充分发挥村民自身的主体性、村干部的领导与组织作用、村庄社会关系的联系效用与集体经济的支持力量。三是市场机制有效保障农村生活污染得到治理，可使用技术的存在、市场资源配置的融入以及法律规范的健全有助于农村生活污染治理效率进一步提高。

最后，从农村生活污染有效治理的目标来分析，环境治理机制必须经过不同主体之间的协商、互动与博弈才能够得以不断完善、充实。尤其是需要注重农村社会在多元主体互动型环境治理机制方面的重要作用，从村民自身主体性、村庄社会结构与社会关系、农村自然环境等方面进行深入分析，建立一种能够回归农村生活主体的污染治理机制。从根源上来分析，此类环境治理机制的形成，有赖于地方政府管理与村庄主体自治之间保持动态平衡。

著　者

2021年10月

目　　录

第一章　绪　　论

第一节　研究背景与研究问题

一、研究背景

改革开放以后，中国社会发生了翻天覆地的变化，居民的物质水平逐年提升，消费方式和生活方式也出现了较大的改变。随着中国成为全球第二大经济体以来，消费越来越成为拉动经济增长的重要支撑点。据统计，改革开放以来，居民的消费水平增长率保持在11%左右，与此同时，居民的消费方式也发生了较大变化，从关注食物消费转变为关注食物、教育、医疗等方面，农村居民的恩格尔系数从 1978 年的 0.68 降至 2013 年的 0.38。

从农村的情况来看，农民消费方式和生活方式也都发生了变化。首先，农民的消费方式发生了改变。随着现代文化逐渐渗透进入农村地区，传统农村社会的节约观念逐渐被抛弃，越来越多的农民崇尚消费主义文化。各类新型工业制品数量在农村地区快速增长，造成垃圾围村、垃圾围坝等现象。其次，农民日常生活方式也发生了较大改变。改革开放以来，城市生活方式对农民有着不小影响，抽水马桶、现代洗浴设施逐渐进入农村，但各种生活污水处理却没有跟上，造成生活污水外排现象增多。此外，随着农民经济条件的改善，越来越多的农民购买了小汽车，随着汽车数量的增加导致大气环境因为汽车尾气排放而受到影响。正是农村社会在现代化过程中经历了较大的改变，传统农村的田园风光已不复存在，取而代之的是遍地垃圾、污水横流、空气污染等现象的出现。据不完全统计，目前，我国农村地区每年产生超过 250 亿吨的生活污水，其中大部分被直接排放；每年大约有 1.2 亿吨的生活垃圾被随意露天堆放；大约有1.9亿农民的饮用水质不符合标准甚至恶劣状况[①]。这些环境问题严重影响着农村居民的生产生活甚至威胁着当地居民身体健康，一些区域病患明显上升，癌症等恶性疾病高发。在传统社会与现代社会之间出现了明显的现代性“断裂”，而这一裂缝很难指望农民自身通过努力实践去填补，传统社会的生产生活方式难以应对现代性问题，可能需要依赖外来力量来帮助他们去克服这一前所未有的难题。

21世纪初以来，从中央政府到地方政府都意识到农村环境污染已经取代工业污染成为当前主要的环境问题，并开始采取措施来应对农业面源污染与农村生活污染。从当前长三角地区的农村生活污染治理情况来看，地方政府主导型的环境治理机制已成为农村生活污染治理的主要选择。此类治理机制首先是利用“试点村”的方式选择了一批村庄来进行政府环境治理的试验，在此基础上推广到其他村庄。

但是，农村生活污染的治理并不是一蹴而就的。政府主导型环境治理机制在应对农村生活污染时发挥了一定的作用，但也面临着一些现实问题。一是地方政府主导型环境治理机制并不能很好地涵盖农村社会实际状况，导致相应的治理机制难以发挥效应，甚至有可能进一步导致农村生活污染的加剧；二是机制本身与农村社会环境有所“抵触”，从村民等公众角度来分析，环境治理机制损害了其自身利益，缺乏实施的社会空间。面对这样一种令人困惑的局面，如何寻找环境治理目标与农村社会需求之间的平衡，成为当前各级环境管理者的重要使命。

不过，部分农村在政府主导型环境治理机制下经过自身的探索与实践，建立了一种多元主体互动型环境治理机制，在农村生活污染治理过程中发挥着重要的作用。从农村角度来看，这类村庄与地方政府、社会组织、企业等主体共同合作，建立起符合农村社会特点的环境治理机制，不仅有效缓解了当地的生活污染问题，还给农

① 李文腾，2017. 农村环境污染控制及对策研究［D］. 杭州：浙江大学.

民创造了更好的生产生活条件并增加了经济收益，可谓一举多得。从地方政府角度来看，多元主体互动型环境治理机制在节约行政成本的同时，也减少了因政府单一化管理所带来的各类负面问题，促进了地方政府管理与农民主体自治之间的有效平衡。

本研究立足于当前长三角地区尤其是浙江省的农村生活污染治理现状，面对不同类型的农村生活污染治理机制，试图从中去理顺农村生活治理机制背后的运行逻辑。通过对浙江省三个典型村庄的实地调查，呈现政府主导型环境治理机制、内发调整型环境治理机制和多元主体互动型环境治理机制在应对农村生活污染过程中的治理理念、行动策略、互动逻辑与实施效果。在此基础上，对各类环境治理机制做了分析比较，论述了多元主体互动型环境治理机制可能是实现农村生活污染有效治理的重要选择，并对地方政府、村民群体、环境市场等主体应具备的条件与特征做了细致阐述，方便读者更好地去理解农村生活污染治理制度的选择。

二、研究问题

从农村生活污染治理得以重视的这二十多年以来，政府在治理过程中发挥着主导作用是毋庸置疑的。政府作为主要的环境管理者，无论是应对城市工业污染，还是治理农村生活污染，都是主要的环境制度的制定者与环境治理的管理者。地方政府在农村生活污染治理过程中根据以往的环境管理经验与行政管理的需要，形成了政府主导型环境治理机制，并在农村社会加以应用与实施。客观地说，通过地方政府主导的环境治理机制的实施，在一定程度上改善了农村生活环境状况，尤其是对一些生活污染状况较为严重且组织与应对能力又比较弱的村庄。但是，随着农村生活污染治理阶段的推进，成本高、适应性差、治理成效不高、容易制造矛盾等问题也逐渐暴露出来。

在这样一种背景下，基于地方政府、村庄、社会组织、环保企业等多元主体共同参与的环境治理机制逐渐被提出来，并成为当前农村生活污染治理方面一种重要的治理方式。通过实地调查与理论内容比较，此类环境制度在农村生活污染治理过程中更具有优势，不仅有效处理了农村生活垃圾、生活污水带来的负面影响，而且还满足了农民自身在农业生产、日常生活方面的一些需求，如提供优质的农家肥、廉价的燃料能源及相应的经济收益等。因此，这类多元主体互动型环境治理机制的诞生，受到当地农户的欢迎与支持，不仅能够很好地在实践中得以运用，还有助于改善农民自身的日常生活行为，建立合理、有效、长久的环境治理机制。

通过对政府主导型、内发调整型与多元主体互动型环境治理机制在农村生活污染治理中发挥作用的分析与比较，可以看到不同类型治理机制各自的特点，以及在不同类型农村社会中发挥的作用。在实地调查的基础上，力求进一步探究不同环境治理机制各自的内涵与价值，尤其是在不同的农村社会背景下进一步分析不同制度是如何发挥出治理效用的。

为进一步探索上述问题，本研究基于长三角地区浙江省三个村庄的调查来展开研究。第一，对政府主导型与内发调整型环境治理机制来说，是基于怎样的社会背景与农村生活污染状况提出此机制的？地方政府、村民主体在制度实施过程中作为主要的管理者与实施者，具有何种治理动机与行动逻辑？地方政府在开展环境治理中面对农村居民的日常生产生活又是如何兼顾或者结合的，是否把农村社会的实际情况纳入环境治理机制中去？第二，有的农村形成了多元主体互动型环境治理机制，这一机制能够有效地应对农村生活污染吗？农民自身在污染治理过程中承担了何种角色并发挥了何种作用？此类机制形成需要何种经济社会条件与农村社会基础，各个主体之间是通过何种途径来进行互动与共同参与农村生活污染治理的？第三，通过比较政府主导型、内发调整型与多元主体互动型环境治理机制，为什么有的村庄能够形成多元主体共同参与的局面，而有的村庄却不行？在制度选择优势的比较与影响下，如何促进更多的农村地区形成多元主体互动型环境治理机制？根据比较研究的结果，试图去进一步掌握农村生活污染治理转变需要的一些条件与基础，有助于今后更好地开展此类生活污染治理。

第二节 概念阐述与文献回顾

从现有的环境治理研究来看，主要是集中于自然、环境、经济学、法学等相关领域学科。自然科学治理方法主要集中在技术与工程层面，如生活污水生物技术与生态技术相结合的技术路线、农村生活污水收集及小型污水处理技术、厌氧生物处理与人工湿地结合净化技术等。社会科学领域对农村生活污染的研究主要集中在经济学、法学以及政策研究层面。经济学的污染控制机制主要包括利用经济杠杆影响农村生活污染的排放。代表性观点有王朝才的“污染税费制度”、Anastasio Xe Papadeas 的“测量-期望”税收/补贴制度，傅国伟等的“面源污染排污模型”等。法学治理方法主要侧重法律和制度创新，包括生活污染的法律控制机制、生活污水的立法机制等。此外，相关学科还从农村生活污染治理的组织管理、公众参与等角度提出治理对策。现有的农村生活污染的两套治理思路：自然科学方法，提倡“技术/工程治理”，缺乏对制度、文化、实施条件等的研究；社会科学方法，已有研究大多缺乏系统周密的实地调查，以及缺少自然科学方法的结合。

社会学对农村生活污染的研究主要偏重于从社会结构、社会规范、话语权力、环境意识、经济理性、现代性等方面阐释农村生活污染的形成机制，如不平等的城乡二元社会结构、传统环保规范失灵、乡村知识的边缘化与附庸化、农民环境意识薄弱、农民的“有限理性行为”、现代化性的侵袭等。在环境污染治理方面，西方社会学界部分学者提出了“生态现代化理论”、布朗主张的“用 B 模式取代 A 模式”进行产业方面的转型等，在新的社会、经济、文化背景下，从社会学角度探讨农村生活污染治理机制的内在逻辑，从地方政府、村庄居民、环保企业、市场机制等主体入手来分析各自在生活污染治理过程中所扮演的角色以及行为，并试图去理解各个主体背后的行动机制，有助于掌握不同类型生活污染治理机制的准确内涵与运作方式，这对农村生活污染的治理具有重要意义。

一、相关概念界定

在开展相关研究之前，首先需要对涉及的概念做出明确的界定。

（一）生活污染

对生活污染进行定义之前，先要了解什么是环境污染。环境污染是指由于人为因素使环境的构成或状态发生改变，从而扰乱或破坏生态系统和人类正常的生产生活条件的现象。按照污染的排放源来分，可以分为点源污染与面源污染。生活污染表现为一种面源污染，没有固定排放点，在时间上和空间上呈现分散状态。

本研究关注的生活污染主要包括两部分来源：生活污水和生活垃圾。

生活污水：与日常生活发生联系而产生的各种污水与污物等。包括人粪尿、洗浴废水、洗涤废水，还有一部分农户为了家庭食用、散养的家禽家畜的粪便污水等。

生活垃圾：日常生活过程中产生的各类垃圾。主要包括可回收物，如塑料类瓶、金属制品等；不可回收物，如厨余垃圾等；有毒有害垃圾，如废旧电池、旧灯管等；其他垃圾。

作为来自日常生活中的环境污染问题，生活污染具有分布范围广、排放时间长、管理难度大等特点，无论是从日常的过程监管，还是末端的污染治理，都遇到不小的阻力。

（二）环境治理

按照《辞海》中的词义，“环境”的解释是：泛指地表上影响人类及其他生物赖以生活、生存的空间、资源以及其他有关事物的综合周围地方的状况。“治理”的解释是：①统治管理；②统治、管理；③整治、修整。可见，环境治理强调的是环境管理、环境整治等内容。国内学者张纯元曾提到，环境治理以国家为基本单位。每个国家都有享用自己环境的权利，在持续发展中合理利用自然资源，在清洁而舒适的环境中生活，同时也有一种义务，就是保护环境，消除各种污染，维持生态平衡权利和义务是统一的①。

按照笔者的理解，环境治理应放入环境行为的体系中去分析。环境治理是一种环境行为。

环境行为首先是一种社会行为或者社会行动。按照帕森斯的社会行动结构理论中“单位行动”（unit action）的阐释，一个行动逻辑上包括如下几点：①行动者：是指作为行动主体的个人；②目的：行动者所要达到的未来目标；③情景：是目标实现的环境因素，又分为两个方面，行动的条件和手段；④这些元素之间的关系形式，即在选择到达目的的手段时，有着一种“规范约束”。它涉及思想、观念、行为取向②。韦伯所理解的社会行动指的是一种人的举止（不管外在或内在的举止，不为或容忍是一样），如果而且只有当行动者或行动者们用一种主观的意向与它相联系的时候。然而，社会的行动应该是这样一种行动，根据行动者或者行动者们所认为的行动的意向，它关联着别人的举止，并在行动的过程中以此为取向③。可见，社会行动是社会学研究的重要单位，从人的行动（行为）来理解社会事实或社会问题。

（三）环境制度

环境制度包括很多种类型，本研究所指的是应对农村生活污染的环境治理制度。

按照当前学术界对制度的理解，社会制度（social institution）是指制约和影响人们社会行动选择的规范系统，是提供社会互动的相互影响框架和构成社会秩序的复杂规则体系④。正如诺思（D. North）所说：“制度是一系列被制定出来的规则、守法程序和行为的道德伦理规范，它旨在约束追求主体福利或效用最大化利益

① 张纯元，1993. 试论环境治理与观念更新［J］. 西北人口（4）：1-5.

② PARSONS T，1968. The Structure of Social Action［M］. New York：Free Press，44.

③ 马克斯·韦伯，2004. 经济与社会［M］. 林荣远，译. 北京：商务出版社.

④ 郑杭生，2013. 社会学概论新修［M］. 北京：中国人民大学出版社，253.

的个人行为。"[①]

为了更好地理解社会制度，首先需要明确究竟什么是规范以及规范是如何形成的。科尔曼（J. Coleman）认为，规范指明人们认为什么样的行动是合乎体统或正确的。社会规范是人们有意创造的，创造并维持规范的人认为，如果规范为社会成员所遵守，他们将获益；如果人们违背规范，他们将受到伤害[②]。陆益龙认为，规范是用来影响和约束具体行为选择的，而制度则是由一套规范有机组合起来的，也就是规范系统。所谓系统，是指各种行为规范是相互衔接、共同影响的。社会制度是系统的、较为稳定的规范[③]。

作为一种复杂的规范系统，社会制度不是单一的、具体的，而是由不同层次的制度体系构成。在现实社会中，根据制度影响行动者的策略原则的不同，以及影响和控制行动者范围的不同，制度可以分为3个不同层次。制度主要是由3个层次上的制度性规范构成：①政策层次的制度；②组织层次的制度；③操作层次的制度（图1-1）。

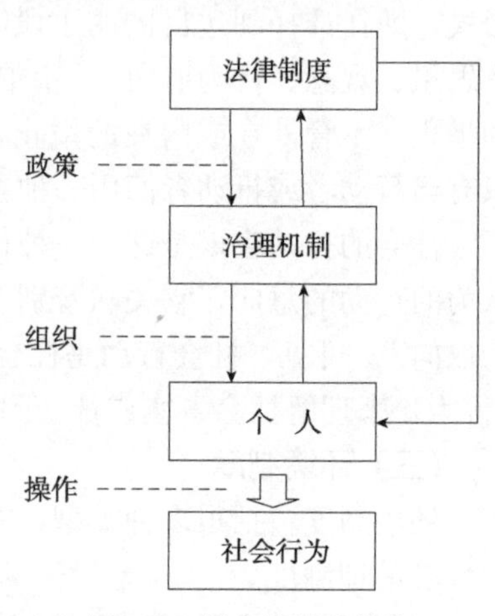

图1-1 制度的层次结构

制度是制定出来的行为规则，所以根据制度规则的来源，制度可以分为两类：内在制度和外在制度。内在制度被定义为群体内随经验而演化的规则，而外在制度则被定义为外在地设计出来并

---

① 诺思，1994. 经济史中的结构与变迁［M］. 陈郁，等译. 上海：上海人民出版社，225-226.

② 科尔曼，1999. 社会理论的基础（上）［M］. 邓方，译. 北京：社会科学文献出版社，284.

③ 郑杭生，2013. 社会学概论新修［M］. 北京：中国人民大学出版社，254.

靠政治行动由上面强加于社会的规则[①]。

内在制度包括非正式的规则和正式的规则，非正式的规则主要有：①惯例（conventions），即人们在生活和交往中自愿遵循的某些习惯性行为模式；②内化规则（internalized rules），也就是人们根据经验把一些价值、道德内化成自己的行为准则；③习俗和礼貌（custom and good manner），是指在共同体或群体内形成的习惯性行为规则。正式的内在规则（formal internalized rules）也是由经验演化而来的，但它是在一些组织内部被正式确定下来并得以强制执行的，如一些协会或行会制度、仲裁制度等[②]。

外在制度的显著特点是由权力机构设计制定出来、自上而下、由外部执行的。也就是说，外在制度不是在群体内部产生的，也不是从群体成员的生活经验中演化而来的，而是从上而下制定出来的。因此外在制度一般都是正式的规则，这些规则主要包括：①行为规则；②具体指令；③程序规则[③]。

所以，环境治理制度是指制约和影响人们有关环境治理方面社会行动选择的规范系统，是提供社会互动的相互影响框架和构成社会秩序的复杂规则体系。根据本研究的特点，具体包括政府制定的环境治理机制、政府与村庄共同协商制定的环境治理制度（外在制度）和村庄内部的一些村规民约、内部规范等（内在制度）。

（四）环境治理机制

谈了环境制度以外，还需要对环境治理机制进行一些论述。首先对机制进行简单解释。机制亦称机理，原意是指机器的构造和工作原理，在自然科学中引申为事物或自然现象的作用原理、作用过程及其功能。根据郑杭生等人对机制的理解，认为“机制”一词的基本含义有 3 个，一是事物各组成要素的相互联系，即结构；二是

① 吉登斯，1998. 社会的构成［M］. 李康，等译 . 北京：生活 · 读书 · 新知三联书店，93-100.

②③ 柯武刚，史漫飞，2002. 制度经济学［M］. 韩朝华，译 . 北京：商务印书馆，122-126＋130-132.

指事物在有规律性的运动中发挥的作用、效应，即功能；三是指发挥功能的作用过程和作用原理。把这三者综合起来，更概括地说，机制就是“带规律性的模式”①。所谓的社会运行机制是指人类社会在有规律的运动过程中，影响这种运动的各组成因素的结构、功能及其相互联系，以及这些因素产生影响、发挥功能的作用过程和作用原理，简要地说，也就是社会运行“带规律性的模式”②。社会运行机制是一个有机联系的系统，从机制的划分情况来看，可以分为动力、整合、激励、控制、保障5个二级机制③。

在社会运行机制的基础上分析环境治理机制更容易理解。环境治理机制就是在应对环境问题时，影响环境治理的各组成因素的结构、功能及其相互联系，以及这些因素产生影响、发挥功能的作用过程和作用原理。或者简单地说，就是环境治理“带规律性的模式”。从环境治理机制的内涵来分析，是以治理环境为目的，相关的因素、结构、功能等进行相互联系，并最终实现了环境问题的减弱或消失。其中，环境治理机制从构成情况来看，也可以分为环境治理的动力、整合、激励、控制、保障5个子系统，这些子系统也是紧密联系在一起的。这些子系统通过相互配合和合作共同促进环境治理机制的正常运作，并围绕着环境问题应对的目的，采取各类措施、手段、方法来降低或消除环境污染。

二、政府主导型环境治理机制的研究

当前，政府主导型环境治理机制无论在工业污染治理上，还是在农业面源污染和农村生活污染治理上都发挥着重要的作用，而且仍然是主要的环境治理手段。与此同时，随着政府主导型环境治理机制应用的不断推进，也暴露出相应制度的治理困境与内在结构性缺陷，引起研究者的广泛关注。

（一）政府主导型环境治理机制的社会机制与实践效应

当前，政府主导型环境治理机制仍然在应对各类环境问题方面

---

①②③ 郑杭生，2013. 社会学概论新修［M］. 北京：中国人民大学出版社，41-43.

具有重要作用。万希平通过分析生态环境危机的成因，指出快速发展的中国特色市场经济是重要原因，强调要走政府主导的环境治理模式来应对生态危机。具体包括：完善生态文明制度、健全市场运行秩序、培育公众环保意识与责任。政府主导的环境治理凸显出中央顶层统筹设计的制度优越性特点，铁腕治理环境的政府主导思路和策略也体现出“中国特色”的生态文明制度化的理念和思路①。金太军通过引入核心行动者概念，认为地方政府的意愿与行为将直接影响政府生态治理的政策走向与政策效能。通过政治锦标赛模式，将生态治理的相关指标纳入政治锦标赛的可测度指标之中，塑造地方政府核心行动者的生态治理意愿与合理生态治理行为，从而有效地保障政府生态治理的持续性绩效②。

政府主导型环境治理机制能够弥补市场机制“失灵”的缺陷。刘成奎认为政府在环境治理中占据主导地位由内外两方面因素所决定，一是弥补市场经济局限的要求，市场经济本身具有局限性，会出现“市场失灵”的问题；二是还击之力是一项具有公共性、复杂性和长期性特点的系统工程，只有政府才有能力动员各方力量来进行治理。政府可以综合运用行政管制、征收环境税费、生态保护补偿等环境治理手段来开展治理③。张劲松提出，生态治理需要由政府来主导，引导市场充分发挥生态治理的补充功能，亦需要政府来主导。政府界定生态产权、建立节约型社会以及发展循环经济，以促进市场生态治理补充功能的发挥④。

有学者从水环境治理角度来具体阐述政府主导型环境治理机制所发挥的重要效用。杨宏山通过对云南滇池的调查，认为水环境治

① 万希平，2016. 我国生态环境危机的难题成因与破解之道：论走向政府主导的环境治理 [J]. 天津行政学院学报（4）：34-39.

② 金太军，沈承诚，2012. 政府生态治理、地方政府核心行动者与政治锦标赛 [J]. 南京社会科学（6）：65-70+77.

③ 刘成奎，2018. 更好发挥政府在环境治理中的主导作用 [J]. 人民法治（4）：28.

④ 张劲松，2013. 生态治理：政府主导与市场补充 [J]. 福州大学学报（5）：5-12.

理有必要强化政府管制，单纯的市场机制和自主治理都不具有可持续性，且政府主导型综合治理机制在提升效率和降低交易成本上更具有优势[①]。范仓海通过水环境公共物品属性的分析，论证了政府承担治理水环境责任的必要性，归纳了政府环境治理的责任主要有财政责任、制度责任、监管责任和社会整合责任。

从现有的研究成果来看，当前学术界中有部分学者认为政府主导型环境治理机制是中国环境治理的主要手段，尤其是在市场机制“失灵”的状况下政府主导型环境治理机制发挥出重要的作用。而从一些具体的环境治理，例如水环境治理，政府主导型环境治理在效率、成本、资源动员方面具有相应的优势，有助于实现水环境治理的公共性。

（二）政府主导型环境治理机制的治理困境与内在缺陷

学术界也有学者指出，政府主导型环境治理机制在开展环境治理过程中也面临着一系列的治理困境，突出表现在意识不强、责任缺位、机制不全等问题。詹姆斯·C. 斯科特（James C. Scott）在论述德国科学林业时提出，国家与政府出于自身管理的角度，往往采用简单化、清晰化的衡量标准来管理与控制自然资源。政府在森林管理过程中只看到了森林所产生木材的商品价值，却忽视了森林带来的生态、审美、生物多样性等意义，最终因为政府的单一的、标准化的管理方式导致了“森林死亡（Waldsterben）”现象。国内学者徐婷婷、沈承诚提出，由于市场经济的内在机制“失灵”，政府权力的适时介入显得非常必要，然而，政府的生态治理却面临三重困境：多元价值观念碰撞格局下的政府生态治理困境、多元利益主体互动博弈下的政府生态治理困境、生态公共政策生成难题下的政府生态治理困境[②]。曹蕾指出，在政府生态治理过程中依然面临着诸多困境。一是政府生态治理缺位现象依然存在，还存在着政

① 杨宏山，2012. 构建政府主导型水环境综合治理机制：以云南滇池治理为例[J]. 中国行政管理（3）：13-16.

② 徐婷婷，沈承诚，2012. 论政府生态治理的三重困境：理念差异、利益博弈与技术障碍 [J]. 江海学刊（3）：228-233.

府政策失误、政策执行不力、生态监督管理不力等方面的问题。二是政府生态治理的行动也很滞后，多习惯性采用先污染后治理形式，对于生态保护的全面性、前瞻性、预防性不够，政府出台的关于生态治理方面的政策以及内容的更新相对迟缓，与生态环境发展的新形势不适应①。王瑜等人通过对内蒙古草原生态治理的考察，认为存在政府责任不清晰，立法体系不健全，履行不到位，重视政府拥有的权力而忽视政府应承担的责任②。范仓海对当前水环境治理中政府责任存在的现实问题进行了深入分析，主要问题表现为：责任主体边界模糊、责任分布以“行政”为主导、责任履行中“越位”与“缺位”并存、责任种类中重直接投入轻间接引导③。

治理困境背后则隐藏着政府主导型环境治理机制内在的深层次结构缺陷。洪大用基于宏观分析的角度提出，中国生态环境治理的早生性、外生性、形式性和脆弱性等特征是导致政府主导型环境治理机制失灵的重要原因④。钟立华则引入“公共性”概念，认为当前地方政府在开展生态环境治理过程中缺乏生态公共性，其内在原因则主要是地方政府公共性的内涵在缩小，强调以经济发展全面优先；地方政府公共性的外延不断扩大，成为部门利益的“经营者”；地方政府公共性被异化⑤。有些学者从中央政府与地方政府间的府际关系入手来阐释环境治理机制失败的原因。荀丽丽在对草原地区生态移民考察时提出，在“自上而下”的生态治理脉络中，地方政府集“代理型政权经营者”与“谋利型政权经营者”于一身，这使

① 曹蕾，2018. 我国政府生态治理：困境及改进 [J]. 环境保护与循环经济(12)：4-6.

② 王瑜，张天喜，2012. 内蒙古草原生态治理中的政府责任 [J]. 内蒙古大学学报（哲学社会科学版）(5)：48-53.

③ 范仓海，2011. 中国转型期水环境治理中的政府责任研究 [J]. 中国人口・资源与环境 (9)：1-7.

④ 洪大用，2008. 试论改进中国环境治理的新方向 [J]. 湖南社会科学 (3)：79-82.

⑤ 钟立华，2018. 公共性视域下地方政府生态治理探究 [J]. 行政与法 (7)：103-108.

得生态治理工作充满了不确定性[①]。冉冉则认为，地方政府主导的环境治理失败的根源在于“压力型体制”的作用。地方政府出于政绩考核的需要，在环境治理过程中通过操纵统计数据作为生态治理的一个捷径，从而引发环境治理失败的后果[②]。

面对中国地方社会环境治理基础的薄弱、公众环境治理意识不足以及市场机制发育不全等状况，政府主导型环境治理机制的确推进了各地环境治理并取得了相应的成效。但是，随着环境治理阶段的推进与治理程度的加深，地方社会的环境治理要求不断提高，公众的环境质量需求也在增加，政府主导型环境治理机制逐渐暴露出一些弊端与不足。正如美国学者埃莉诺·奥斯特罗姆所说，资源管理过程中不存在“万能药”式的治理机制，不能简单地说政府是或者不是最好，社区是或者不是最好，市场是或者不是最好，它依赖于我们正在努力解决的问题的自然状况[③]。

三、内发调整型环境治理机制的研究

与政府主导型环境治理机制所不同，内发调整型环境治理机制是针对政府主导型环境治理机制的不足之处提出的。内发调整型环境治理机制在开展农村生活污染治理过程中更强调村庄内生性力量的发挥，尤其是注重利用村庄内部的地方精英、社会组织、公众参与等方式来推进农村环境治理，以村民自治方式来应对和克服环境问题。

（一）立足于地方社会的治理基础

开展环境治理首先得立足于地方社会的实际情况，完全采取政府主导型治理机制且把地方社会“悬置”起来，必然容易出现环境

---

① 荀丽丽，包智明，2007. 政府动员型环境政策及其地方实践［J］. 中国社会科学（5）：114-128.

② 冉冉，2013. “压力型体制”下的政治激励与地方环境治理［J］. 经济社会体制比较（3）：111-118.

③ 埃莉诺·奥斯特罗姆，2015. 公共资源的未来：超越市场失灵与政府管制［M］. 北京：中国人民大学出版社，36.

治理的形式化与空心化。相比于政府主导下的环境治理脱离实际，当前很多学者指出环境治理必须着眼于地方社会与当地的居民。日本学者鸟越皓之在琵琶湖地区考察时提出了“生活环境主义”的概念，区别于“自然环境主义”和“近代技术主义”。他从当地居民处理问题的思维方式中获得灵感，将之提炼总结，理论化后得到的就是“生活环境主义”。言简意赅地说，生活环境主义就是通过尊重和挖掘并激活“当地的生活”中的智慧，来解决环境问题的一种方法①。美国学者埃莉诺·奥斯特罗姆着眼于小规模公共池塘资源问题，在大量的实证案例研究的基础上，开发了自主组织和治理公共事物的制度理论，在市场理论和国家理论的基础上进一步发展了集体行动的理论，同时也为面临公共选择悲剧的人们开辟了新的路径，为避免公共事物的退化、保护公共事物、可持续地利用公共事物从而增进人类的福利提供了自主治理的制度基础②。尹绍亭在云南地区经过长期的生态人类学调查发现，当代的刀耕火种是亚热带、热带山地民族对其所处生态环境的适应利用方式。它不仅涉及生产知识和技术，还涉及制度和精神文化，不仅是一个多层次的文化适应系统，还是一个动态的生态文化系统③。陈阿江在太湖流域考察时发现，传统农业社会的水域之所以能够保持清洁的原因是：农业社会长期形成的生产、生活方式有利于圩田系统的生态平衡，并且村落的社会规范及村民的道德意识也有效地约束了村民的水污染行动④。笔者曾在浙西地区调查时发现，部分村庄根据村民的农业生产需要与村庄社会状况，自发地把地方政府实施的污水治理工程进行了改造，加入了沼气池发酵环节，满足当地农民获取农家肥

---

① 鸟越皓之，闰美芳，2011. 日本的环境社会学与生活环境主义 [J]. 学海 (3)：42-54.

② 埃莉诺·奥斯特罗姆，2000. 公共事物的治理之道：集体行动制度的演进 [M]. 上海：上海译文出版社，3.

③ 尹绍亭，2008. 远去的山火：人类学视野中的刀耕火种 [M]. 昆明：云南人民出版社，19.

④ 陈阿江，2000. 水域污染的社会学解释：东村个案研究 [J]. 南京师大学报 (社会科学版) (1)：62-69.

来从事农业生产的同时也有效地应对了生活污水、生活垃圾带来的负面影响①。

对地方社会实际状况的掌握是开展环境治理的第一步，通过一些融入地方性知识与地方文化的方法，有助于避免出现类似政府主导型环境治理机制的单一化、“一刀切”等问题。要实现环境治理立足于地方社会，就需要在环境治理过程中获得当地民众的反馈建议和吸纳民众参与，因为当地居民长期生活在区域自然环境与社会状况中，熟悉当地自然、社会等方面的具体情况。地方社会的文化和价值观、道德监督力量、关系纽带、声望体系、精英群体，以及小规模和有效沟通等都是达成各主体合作进而实现生态有效治理的优势条件②。

（二）协调政府管理与村民自治之间的关系

内发调整型环境治理机制的产生就是在政府主导型环境治理机制遇到问题时提出的一种新的治理方式。但这并不是说内发调整型环境治理机制完全脱离政府管理，以村庄自治的方式来独立运作。从某种程度上来分析，这两者之间仍然有着紧密的联系，只是村民自治力量在治理过程中发挥主要的作用。

已有研究发现，此类内生性环境治理的效果明显，主要的特点表现在：其一，地方政府的引导性理念。与政府主导型环境治理机制所不同，地方政府在内发调整型环境治理机制中主要起到引导作用，尤其是对农村环境治理的走向有着重要影响，甚至决定村庄未来的发展方向。其二，有助于保持地方政府与村庄内部力量之间的平衡。内发调整型环境治理机制明确以村民自治力量为主，农村社会内部存在着各种组织、宗族、文化等势力在其中将会发挥出重要作用，促进政府与村民在环境治理过程中形成相对明确的关系。其三，从内发调整型治理机制的设立，也可以反映出地方政府对村民

---

① 蒋培，2019. 农村环境内发性治理的社会机制研究［J］. 南京农业大学学报（社会科学版）（4）：49-57.

② 陶传进，2005. 环境治理：以社区为基础［M］. 北京：社会科学文献出版社，56.

自治的认可，强调在农村环境治理中需要发挥村庄自身的优势。环境治理机制调整与改变，其本质则是政府管理与村民自治之间关系的变化，由于政府主导型环境治理存在诸多问题，内发调整型环境治理机制有效克服了相关不足，形成了以村民自治为主的环境治理方式。

四、多元主体互动型环境治理机制的研究

与政府主导型环境治理机制所不同，多元主体互动型环境治理机制强调的是政府主导型制度的去单一化和去中心化，力图实现多元主体共同参与环境治理。多元主体互动型环境治理机制的实践，体现了环境治理应立足于地方社会的现实情况，发挥公众在环境治理中的作用以及实现传统与现代相融合的环境治理机制。

（一）多元主体参与的互动逻辑

随着社会形态的高度组织化和社会环境的高度复杂化，人类社会逐渐形成一个多元化的系统，生态治理也应趋向于多元主体参与的治理。在生态治理上构建起多元利益主体博弈平台，一方面需要政府在制定生态环境政策、方针、措施时要考虑不同的经济主体、社会团体以及民众的利益，并且要以改善生态环境、促进公共利益为政策目标，注重协调好经济发展与生态环境保护的关系。另一方面，政府要注重分权，使得从事生态治理的权力主体、权力层次、权力实施手段多元化，实现多元主体参与生态治理①。

生态现代化理论（Ecological Modernization Theory）最初是德国学者约瑟夫·胡伯在20世纪80年代提出，而荷兰瓦赫宁根大学的亚瑟·莫尔（Mol）则使之发扬光大。莫尔及其团队将生态现代化理论归结为四个基本要点：一是现代科学技术不仅导致了环境问题，而且在环境治理过程中也发挥着重要作用；二是私有的经济主体和市场机制在环境治理中扮演了越来越重要的角色，政府部门

① 曹永森，王飞，2011. 多元主体参与：政府干预式微中的生态治理［J］. 求实（11）：71-74.

不再是"自上而下"的官僚体制，而是去中心化的、可协商的规则制定者；三是社会运动的地位、作用和意识形态发生改变，社会运动日益卷入公众与私人的环境改革的决策机制中；四是关注文化机制在环境治理过程中的重要作用①。埃莉诺·奥斯特罗姆的"多中心"治理理论可以理解为，许多带有自我组织，有时还拥有重叠特权的决策中心的共存，它们中的一些组织在不同的规模、一定的规则之下运行。多中心的运行不是无政府状态，决策中心之间的相互作用在事前制定的规则之下完成。在有限自治的区域，在地方一级上，创造一种有利于建立信任的激励结构，同时也创造一种有利于更好地解决问题的多样化环境。这些解决方案不容易受到干扰，作为系统一部分的力量可以帮助克服另一部分的弱点②。国内学者王芳在"多中心"治理理论的基础上提出了"复合型治理"模式。她认为，只有政府、企业、社会组织、专家系统、新闻媒体等多中心的环境风险治理主体都具有了各自发挥作用的恰当空间，并且多元治理主体之间能够相互渗透、合作联动，以共同构成一个责权分明、分布均衡且富有弹性的复合型治理网络，进而实现区域环境风险善治的目标才具有了坚实的基础和主体机制的保障③。构建起多元主体参与的环境治理机制，在实际执行过程中，有助于避免单一主体治理所带来的单向化视角、治理形式化、缺乏监督等问题，同时也可以在最大程度上遏制集体行动中的机会主义，不同主体之间可以相互博弈、合作与监督，实现公共利益的持续发展。

（二）传统与现代相融合的治理机制

对于构建"多元主体互动型"环境治理机制来说，并不是简单

① MOL A P J，SONNENFELD D A，2000. Ecological Modernisation Around the World：Perspectives and Critical Debates [M]. London and Portland：Frank Cass & Co. Ltd.

② OSTROM E. Polycentricity，Complexity，and the Commons [J]. Good Society (2)：37-41.

③ 王芳，2018. 事实与建构：转型加速期中国区域环境风险的社会学研究 [M]. 上海：上海人民出版社，198.

地引入不同主体来共同开展环境治理，在多元主体参与的基础上试图融合传统地方性知识和现代环境治理技术、管理经验与治理机制等，充分实现传统与现代之间的结合，提高环境治理机制的有效性和适用性。

中国古代传统文化中十分重视“和”的思想，一直以来就有“中和位育”的概念，这一概念也适合于环境治理。潘光旦认为，一个人或一个民族要“安所遂生”，首先要和固有的各种环境发生相成而不相害的关系，不可忘却其和固有的环境的连续性和连带性。他不是一般地讲“位育”，而是倡导“中和位育”。他揭示儒家关于“文以载道”的几个原则：一是中庸而不固执一端，二是正常而不邪忒，三是有分寸而不是过或不及，四是完整而不畸零，五是通达而不偏僻，六是切实而不夸诞。他说，中庸或执两用中的原则更是一个总原则，可以概括一切。“道或人生，诚能把握住这些原则便是健全的道，在空间上可以扩展，在时间上可以绵长，可以高明配天，博厚配地，而悠久无疆。”又说：“唯有经由中和的过程，才能达到位育的归宿。”潘光旦对于“位育”概念更多是从文化角度来进行具体论述与分析的。费孝通对于“位育”的理解，更多是从社会学、人类学角度来分析，尤其是对农村社会学问题的研究。他认为，农村经济问题的根子，往往并不全在经济因素，也有社会因素的作用。他用“相配”和“位育”概念来概括经济与社会的相互作用关系，并考察了这种关系的变迁与重建。这种融经济与社会、功能与变迁于一体的视野，已经成为中国社会学传统中的重要理论资源。他同时也指出，这种“中和”的观念在文化上表现为文化宽容和文化共享。之前提出的有关人类学要为文化的“各美其美、美人之美、美美与共、天下大同”做出贡献。具体运用到环境治理方面，“中和位育”论倡导的是不要走向一个极端，善于融合万事万物的特点，能够把环境治理融入自然规律与地方社会结构中去，减少治理过程的负面影响。同时，它也强调环境治理需要结合物质循环的理念来转化一些负面效应，通过“治-用”结合的应对方法来转变单一治理的局面，实现环境治理与居民生活之间的内在契合与统一。

在对自然资源进行管理时，埃莉诺·奥斯特罗姆发现基于多中心治理理论的设计原则，很多渔业资源使用者管制捕鱼的时间，并借助于技术，管制适合捕鱼的空间。人们开发的许多规则和相互交往的方法从设计上鼓励信任的增长和互惠的提高。他们依靠当地的资源和当地文化的独特性，开发他们管理资源的方法①。从基层的实际情况来看，中国社会是乡土性的②。乡土性的生活始终体现地方性并且具有历史延续性，这决定了传统生产生活中的有关内容与原则在当下依然具有现实意义。同时，基于多元主体参与的环境治理机制必然具有乡土性，同时在国家法律、政策与市场机制的影响，现代性因素也必将融入环境治理过程中，融传统与现代于一体。此类多元主体互动型环境治理机制既反映了传统，又体现了现行法律、法规的精神；既能与宏观的国家政策相适应，又体现社区的特点③。正是基于现代治理政策、技术、机制与传统的一些习俗、习惯、规约等相融合的多元主体互动型环境治理机制，才有可能在当前复杂多样的农村社会环境中有效治理生活污染。这类传统与现代的融合，体现了多元主体互动型环境治理机制发生着动态的渐进式变化，依据自然条件和社会状况的改变而不断做出调整，利用一种融合的治理之术来化解现代化给农村社会带来的负面环境影响。

总的来看，当前有关环境治理机制的研究已有不少，体现了学术界在这些方面的成就，但也存在着一些不足之处。一是注重对多元主题互动型环境治理机制做一些理论与宏观上的研究，缺少微观层面的分析与比较。对中国农村的生活污染治理问题缺乏针对性的研究，尤其是放入农村社会的社会结构、社会关系来进行思考与分

---

① 埃莉诺·奥斯特罗姆，2015. 公共资源的未来：超越市场失灵与政府管制[M]. 北京：中国人民大学出版社，43.

② 费孝通，2006. 乡土中国　生育制度　乡土重建 [M]. 北京：商务印书馆，6.

③ 杨建华，赵佳维，2005. 村规民约：农村社会整合的一种重要机制 [J]. 宁夏社会科学（5）：63-66.

析。二是当前研究对于多元主体互动型环境治理机制的内容做了很多的阐释，但缺少对此类环境治理机制所需的条件与框架做一些探讨。从政府、社区（村庄）、市场的角度来分析，应该具备何种社会背景、经济基础、行动条件、观念意识等，才有可能促成多元主体互动治理过程的出现。三是对中国传统社会的一些优良的传统文化、习俗、规范等与当前多元主体互动型环境治理机制之间的内在关系做进一步深入的剖析，如何在实践中把传统文化内化为政府的环境治理机制、公众环境行为、企业环境治理技术的重要组成部分。所以，在已有研究的基础上，我们把农村生活污染治理纳入相关的研究中来，一方面去掌握农村生活污染治理所具有的一些特点，尝试把生活污染治理与农村生产生活方式衔接起来，体现环境治理过程中“治-用”结合的机制。另一方面，从农村社会的内部社会结构、社会关系方面入手来分析地方政府、村庄与市场各主体之间的互动逻辑，尤其是需要抓住农村社会有机体所体现出来的特征，能够为农村生活污染治理机制的建立健全总结经验。

第三节 研究方法和主要内容

本研究主要采用的是质性研究的方法，通过文献收集、现场查看、深度访谈等方法来收集研究资料。调查的地点主要是选取在浙江省农村地区，以村庄作为调查的基本单位。从实际调查的可操作性与资料的完整性，以及农村社会结构、行政管理、组织方式、市场化程度等方面来综合考虑的结果，以村为单位的设定对此研究相对来说比较妥当。本研究基于长三角地区多个村庄的长时间调查与比较研究，在其中选择了浙江省 3 个典型村庄作为研究对象。虽然具体研究的村庄只有 3 个，但这些村庄在一定程度是长三角地区很多村庄的缩影，也可以说是农村生活污染治理不同阶段上的典型性村庄。通过这些案例村庄全面、深入地研究，有助于我们更为深刻地理解农村生活污染治理的内在逻辑与实践路径。

一、资料收集

（一）参与观察

对于一种自己所熟悉的文化地域的实地调查，首先采取较为有效的方法就是秉持一种“价值中立”的立场来参与和观察研究对象的日常生产生活行为。对自己所熟悉的一些事物，笔者不把自己的想法带入实地调查，而是以一种不知道、不理解的状态去观察与体验，按照当地人的一些说法或看法来对各种社会现象与社会问题进行判断与分析。与此同时，通过在当地农户或者当地区域居住，来进一步拉近与农民之间的关系，形成同吃、同住、同劳动的紧密关系，深入理解他们日常生活中的生产生活行为，试图去还原行为背后的社会逻辑。正是利用笔者很长时间在调查区域的长时间观察，才能逐渐理解当地居民日常生活中的各种行为表现，并结合当地的社会背景与文化状况来解释各种行为的准确含义，努力实现农民行为与农村生活污染治理之间的内在关联。利用自身的亲身体验和有效观察来呈现当前农村生活污染问题产生、生活污染治理背后的政府环境政策、村庄社会以及市场机制之间的内在互动。

（二）文献收集

文献资料的收集是开展各类研究的基础方法也是最为重要的方法。归纳来看，文献资料主要包括三大类：一是各种背景性资料。本研究的调查地点主要是在长三角地区的浙江省，主要包括杭州、金华等地，其历史文化、风俗习惯、生活方式、生产方式等都具有地域性、文化性的特色，通过文献资料的查找能够全面、准确地获取各类背景性知识与基础性材料。这方面的文献主要包括《临安县志》《金华市志》《杭州市志》、部分村志等历史文化资料。二是各地的统计数据资料。主要包括各市、县、镇、村的年度统计资料、普查数据以及农业、环境、统计、政府办公室等部门所掌握的数据资料等。例如《生态环境公报》《太湖流域环境公报》《浙江省生态环境公报》《浙江统计年鉴》等。三是其他相关的辅助性资料，这类资料主要是发挥出一些辅助性的作用。主要包括地方档案资料、地方文件、会议记录等。例如，杭州市的一些历史报纸、村庄内部的会议记录、村庄内的一些乡村公约等。在各类资料获取的基础上，笔者对调查地域的历史文化、社会背景等有了充分了解，然后通过实地调查来印证各类文献材料，不盲目地相信第二手资料。利用文献材料与实地调查两种方法来进一步理解调查地的历史文化、社会状况与制度环境等，有助于笔者更全面地去理解当前农村生活污染产生以及治理机制安排的内在逻辑。

（三）深度访谈

访谈方法是笔者在开展农村生活污染治理研究实地调查中所使用的获取第一手材料的主要方法。访谈过程中，笔者通过聊天式的访谈方法来获知农村生活污染以及农民生产生活方面的信息，比较直接地掌握调查地生活污染问题及其治理情况。一般在实地调查中，笔者会通过访谈一些“关键信息人”的方法来获取大量与充实的第一手访谈资料，再往往是开展深度访谈最重要也是首要的一步。这些关键信息人主要包括村干部、村民组长、地方能人以及其他行业中的领袖人物等。这些“关键信息人”往往是村庄内部的一些“先行者”，不仅自身掌握着各类丰富的信息与具有更加宽阔的视野，而且具有更高的文化层次、灵活的思维、准确的言语表达等，对于村庄生活污染问题产生及其治理的理解具有自身的一些想法。除了一些“关键信息人”之外，各类普通民众也是深度访谈的重要对象，通过对普通民众的访谈，能够更好地去掌握当前村民在农村生活污染治理过程中所扮演的角色进行准确的分析。同时，根据村民的不同类型来进行划分，例如通过性别、职业、政治面貌、文化程度等方面来对不同类型的村民进行深度访谈并比较，这样有助于笔者更好地理解村民在农村生活污染治理过程中的各类影响因素与制约条件。

（四）水质检测

环境社会学研究不同于其他社会学领域的研究，是环境科学与社会科学的一种交叉分析与研究。很多研究展开之前，需要先对相应的环境问题、环境状况做一个明确的判断。例如，对村庄周边的溪水是否遭受生活污染这类问题仅凭肉眼是很难判断的，生活源污染并不像工业污染那么剧烈，但也时刻影响着农村的生活环境。因此，通过一些专业的设备可以比较清楚地掌握水质的污染状况。在整个研究过程中，笔者利用一款四参数水质分析仪来检测部分农村地区的水质情况，检测的指标包括氨氮含量、总磷含量、化学需氧量（COD）。从水质分析仪的使用情况来看，这类水质分析仪在市场上比较常见，广泛地应用于各类中小企业，相对来说使用比较便捷，能够在短时间内获得数据，以便判断水质的真实情况。在浙江白村进行实地调查时，笔者曾对该村周边的水体进行一段时间的检测，基本掌握了当地水质情况与污染分布的基本规律。这对开展后续社会科学方面的研究奠定了良好的基础，有助于笔者对环境的物质状态有一个准确地把握与理解。

二、资料分析

对于本文资料分析方法上的内容，笔者认为可以从以下三方面予以概括。

（一）以经验事实材料为主，进行归纳与总结

对农村生活污染治理机制选择的研究过程中，笔者始终以社会事实研究作为首要的一步，不是基于笔者自身的主观经验或各类假设来设定或选择研究内容，而是通过长时间的实地调查与充实的文献材料的归纳与总结，形成一些合理的经验判断与理论观点。与以往的社会研究有所不同，当前很多社会研究往往是带着假设与观点进入现场调查，这类调查具有效率高、判断明确的特点，但可能与现有的社会事实不符，甚至出现研究上的失误等问题。正是基于研究人员的主观经验判断与事先假设，研究者在实地调查过程中容易对社会事实进行选择性甄别，容易造成调查材料被“人为割裂”，进而出现研究结论与经验事实之间的不相符，甚至错位的问题。而以经验事实材料为基础来进行理论研究，可能在前期调查与研究过程中需要花费较长的时间来寻找问题与研究切入点，但是这类研究方法具有准确性与还原度高的特点，能够在理论研究与经验事实之

间搭建起有效的联系，归纳、总结形成具有说服力的理论知识。对农村生活污染治理机制的研究，同样是基于长期的实地调查和文献收集的基础上进行选择与分析，以此来分析长三角农村地区不同的生活污染环境治理机制的产生与选择的过程。

（二）与已有的社会学理论进行对话，从中提出一些新的理论想法

在经验材料的整理、归纳与总结的基础上，笔者通过与现有的社会理论的对话来进一步发现、创新现有的社会学理论知识。在农村生活污染治理研究过程中，笔者经过前期的文献梳理与理论知识回顾，对西方社会提出的“多中心治理”理论进行全面分析，并与笔者的实地调查进行比较与分析，进而对相关理论内容进行再分析、再理解。同时，基于理论研究与中国社会事实的分析，笔者试图对现有的理论进行完善与创新，通过理论知识与实践材料之间的反复交流与分析，最终形成具有较高现实价值的社会学理论知识，进而可以适用于一般的社会事实。正是利用这样一种从理论到事实，再回到理论的研究方法，现有的社会学理论才能够根据社会事实不断予以完善与充实，进而达到社会学理论内容的不断创新。

（三）在具体的分析方法上秉持“价值中立”的态度，客观、准确的评价问题

对社会事实应保持一种“价值中立”的分析态度。韦伯所说的“价值中立”是指社会科学工作者在对社会现象的观察、探索和解释过程中，只陈述事实，而摒弃价值判断和个人的好恶，采取一种“不偏不倚”的态度，因而在社会科学研究中只管真假，而与对错、好恶无关①。价值中立态度的实现，需要具有充实的经验事实，实现理论与事实之间的有效印证。为了恰当地做到价值中立的分析态度，研究者需要做到以下几步：第一，需要经过长期、扎实的社会调查，收集尽可能多的事实材料，并对相关调查材料进行有效梳理，从而在经验事实材料基础上形成一些合理、准确的理论观点。

① 马克斯·韦伯，2005. 社会科学方法论［M］. 北京：中央编译出版社.

第二，尽可能地站在被研究者的视角来分析与思考问题，研究人员才能够客观地对调查材料展开分析与研究，在此基础上形成一些合理、恰当的理论结论与知识，保持社会学理论知识与被研究者、研究地域的实际情况保持一致。第三，充分考虑到理论提出的社会环境与历史背景。在不同的社会环境与历史背景下，根据同样的社会事实材料得出完全不同的理论观点与理论知识，所以，在开展具体研究过程中，研究者需要充分掌握研究地域的历史文化背景与社会状况，以此来形成一些可靠、客观的社会学理论知识。对农村生活污染的研究同样是基于长期的社会调查、站在被研究者的视角以及掌握各类历史文化背景和社会状况的条件下，保持一种“价值中立”的分析态度来研究当前长三角地区农村生活治理现状以及制度选择情况。

三、主要研究内容

从当前农村生活环境状况出发，了解农村生活所造成的各类影响与危害，在此基础上来分析农村生活污染产生的主要原因。同时，根据当前环境政策与制度的制定、实施现状来分析农村环境管理所发挥的作用。通过环境治理机制、农民行为方面的比较与分析，理解不同农村生活污染治理机制所包含的各个层次内容的变化，分析问题背后可能存在着的深层次社会原因。此外，通过一些实地调查与案例分析，更好地去理解多元主体互动型环境治理机制在生活污染治理中的优势，以及这类制度的诞生所需要的政府治理理念、治理机制和农村社会结构、社会关系等方面的条件。

基于对长三角地区农村的长期观察与调查以及相关文献的梳理，对当前农村生活污染治理机制的类型进行了分类，基本上以政府主导型和多元主体参与环境治理机制为主，以及一些中间状态的环境治理机制阶段。所以，本研究根据两类环境制度类型来选取了3个典型村庄，浙江省白家村、里家村与陆家村，分别是农村生活污水和生活垃圾方面治理的环境制度比较。白家村开展生活污水治理过程中是典型的地方政府主导型环境治理机制，陆家村在应对农村生活垃圾时采取了多元主体互动型环境治理机制，而里家村应对生活污水则采用了介于上述两者之间的环境治理机制——内发调整型环境治理机制（图 1-2）。这三类农村环境治理机制虽然不能涵盖全国所有的农村生活污染治理机制，但基本上是当前长三角地区典型的环境治理机制，同时也呈现了农村生活污染治理的不同阶段。

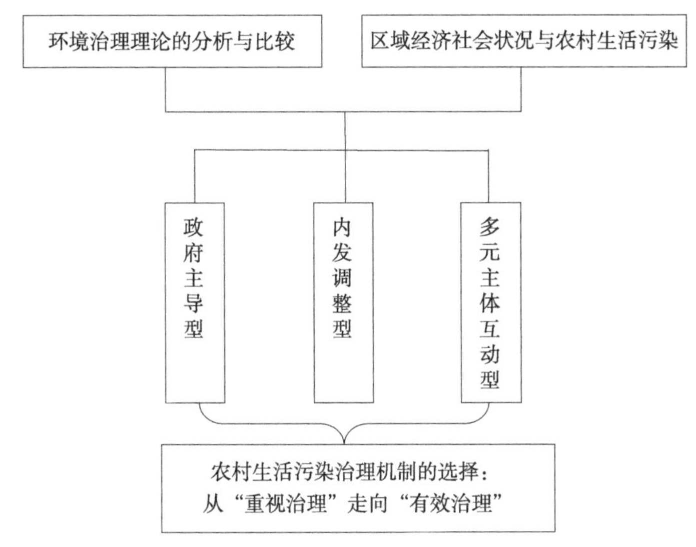

图 1-2　农村生活污染治理机制选择研究内容框架

随着农村环境污染越来越成为主要的环境问题之后，中央政府和地方政府都开始把治理农村环境问题作为重要的政府工作，尤其是当前环境治理越来越受到国家和公众关注的背景下。面对农村人居环境所存在的一系列问题，地方政府首先采用政府主导型环境治理机制来推进农村生活污染的治理。在初级阶段，部分农村通过政府主导型环境治理机制应对农村生活污染有着立竿见影的效果，尤其是对一些缺乏引导组织能力和集体经济建设的村庄来说效果显著。但是，随着农村生活污染治理阶段的推进，以地方政府主导的环境治理机制面临着成本升高、效果不佳、社会矛盾突出等问题，需要进一步思考这类环境治理机制适用性与持续性。通过实地调查，发现部分农村在人居环境整治过程中结合地方政府治理的背景来改变与调整现有的环境治理方式，利用农村社会的社会关系、社会结构、地方文化、市场机制等方面来创新现有的农村环境治理机制，形成了多元主体互动型环境治理机制，进一步提高农村生活污染治理的成效。

第二章　研究地域的经济社会发展与农村生活污染

第一节　研究地域的区域背景

研究地域选取主要位于浙江省境内的一些具有代表性的村庄。浙江省地处中国东南沿海长江三角洲南翼，东临东海，南接福建，西与江西、安徽相连，北与上海、江苏接壤。浙江地势由西南向东北倾斜，地形复杂。山脉自西南向东北成大致平行的三支。西北支从浙赣交界的怀玉山伸展至天目山、千里岗山等；中支从浙闽交界的仙霞岭延伸至四明山、会稽山、天台山，入海至舟山群岛；东南支从浙闽交界的洞宫山延伸至大洋山、括苍山、雁荡山。钱塘江是浙江省内第一大江，有南、北两源，北源从源头至河口入海处全长668千米，其中在浙江省境内425千米；南源从源头至河口入海处全长612千米，均在浙江省境内。湖泊主要有杭州西湖、绍兴东湖、嘉兴南湖、宁波东钱湖四大名湖，以及新安江水电站建成后形成的全省最大人工湖泊千岛湖等。地形大致可分为浙北平原、浙西中山丘陵、浙东丘陵、中部金衢盆地、浙南山地、东南沿海平原及海滨岛屿6个地形区。全年平均降水量为1 640毫米（折合降水总量1 702亿立方米），全省水资源总量为867亿立方米，人均水资源量为1 521立方米。浙江森林面积9 088.65万亩①，其中省级以上生态公益林面积4 535.68

① 亩为非法定计量单位，1亩=1/15公顷，余同。——编者注

万亩，森林覆盖率达61%，活立木总蓄积量3.14亿立方米①。

浙江陆域面积10.55万平方千米，占全国陆域面积的1.1%，是中国面积较小的省份之一。东西和南北的直线距离均为450千米左右。全省陆域面积中，山地占74.63%，水面占5.05%，平坦地占20.32%，故有“七山一水两分田”之说。浙江海域面积26万平方千米，面积大于500平方米的海岛有2 878个，大于10平方公里的海岛有26个，是全国岛屿最多的省份②。

浙江现设杭州、宁波2个副省级城市，温州、湖州、嘉兴、绍兴、金华、衢州、舟山、台州、丽水9个地级市，37个市辖区、19个县级市、33个县（其中1个自治县），639个镇、269个乡、467个街道。

根据2018年浙江人口变动抽样调查推算，年末全省常住人口5 737万人，比上年末增加80万人。其中，男性人口2 939万人，女性人口2 798万人，分别占总人口的51.2%和48.8%。全年出生人口62.8万人，出生率为11.02‰；死亡人口31.8万人，死亡率为5.58‰；自然增长率为5.44‰。城镇化率为68.9%③。

2018年，浙江全年地区生产总值（GDP）56 197亿元，比上年增长8.6%（图2-1）。其中，第一产业增加值1 967亿元，第二产业增加值23 506亿元，第三产业增加值30 724亿元，分别增长1.9%、6.7%和7.8%，第三产业对GDP增长的贡献率为56.2%。三次产业增加值结构由上年的3.7∶43.0∶53.3调整为3.5∶41.8∶54.7。人均GDP为98 643元，增长5.7%④。

根据2018年的环境状况监测，221个省控断面中，Ⅲ类及以上水质断面占84.6%，比上年提高1.8个百分点；满足水环境功能区目标水质要求断面占89.6%，提高3.6个百分点。按达标水量计，11个设区城市的主要集中式饮用水水源地水质达标率为

①②④ 浙江省人民政府网，网址：http://www.zj.gov.cn/col/col1544731/index.html。

③ 浙江省统计信息网，网址：http://tjj.zj.gov.cn/col/col1525563/index.html。

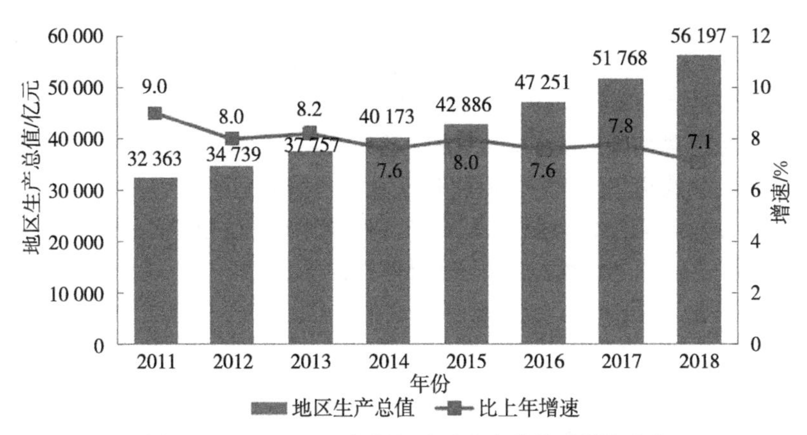

图 2-1　2011—2018 年浙江地区生产总值及增长速度

97.0%，下降 0.4 个百分点；县级以上城市集中式饮用水水源地水质达标率为 97.0%，提高 0.6 个百分点。按个数计，11 个设区城市的主要集中式饮用水水源地水质达标率为 90.5%，与上年持平；县级以上城市集中式饮用水水源地水质达标率为 94.5%，提高 1.1 个百分点。145 个跨行政区域河流交接断面水质达标率为 90.3%，与上年持平。近岸海域发现赤潮 18 次，累计面积约 1 069 平方千米，其中有毒有害赤潮 6 次，面积 180 平方千米。与上年相比，赤潮发现次数减少 15 次，累计面积减少 999 平方千米①。

全年城市污水排放量 37.0 亿立方米，比上年增长 3.9%，城市污水处理量为 35.3 亿立方米，增长 4.8%，城市污水处理率 95.55%，比上年提高 0.78 个百分点。城市生活垃圾无害化处理率 100%，城市用水普及率 100%，城市燃气普及率 99.83%。人均公园绿地面积 13.6 平方米②。

第二节　区域农村生活方式的变迁

近几十年经济社会的飞速发展，社会的整体经济水平不断提

①②　数据来源：《2018 年浙江省生态环境状况公报》。

升，浙江省居民的物质生活水平也大大提高。与此同时，随着 20 世纪 90 年代后期生产能力和商品供给过剩，需求不足阻碍经济发展的问题逐渐突出，国家不得不采取刺激和鼓励人们消费的政策，于是对消费欲望的谴责和抨击，逐渐消失[①]，消费社会悄然到来。消费社会的到来，不仅影响着传统农耕社会的勤俭节约观念，而且也对日常生活中各种行为方式产生了深远影响。无论从个体、群体、社会，还是环境角度，都值得进行深入的探究。

一、饮食方面的变化

在传统农耕社会时期，浙江农村居民始终秉持勤俭、简朴的生活方式。在物质资源极度紧张和生活条件限制下，各种物质资源都得到了最大化的重复利用，充分发挥出了每一样物品的最大利用价值，实现了废弃物数量最小化，人对外界环境影响最小化。

从饮食方面来看，传统社会食物自给度高，外部输入量少。对农村地区来说，日常生存所需的食物基本都来自土地。除了种植主食水稻之外，农民还会在田间地头按季节种上各类蔬菜，以求满足日常生活所需。肉、奶等相对来说较少，即使每家每户会养上一两头猪，基本也都是作为副业来增加家庭经济收入，只有到了逢年过节之时，饭桌上才会有肉。张乐天对 1938 年浙北农村消费情况描写时，提到“这个周围有五十多个自然村环绕的江南水乡的集镇，平均一天猪肉的销量不足 20 斤[②]，可见当时村民的消费水平是如何低下！”[③] 费孝通在《江村经济》中曾对 1933 年太湖边上的开弦弓村农民生活做过详细的描述：“主食是稻米，稻米是农民自己生产的，剩余的米拿到市场上去出售。蔬菜方面有各种青菜、水果、蘑菇、干果、薯类以及萝卜等，食油是村民自己用油菜籽榨的，鱼

---

① 王宁，2009. 从苦行者社会到消费者社会［M］. 北京：社会科学文献出版社，206-207.

② 1 斤＝0.5 千克。

③ 张乐天，2005. 告别理想：人民公社制度研究［M］. 上海：上海人民出版社，34.

类由本村的渔业户供给。这个村子只能部分自给。人们非常节俭，认为随意扔掉未用尽的任何东西会触犯天老爷，例如，不许浪费米粒。甚至米饭已变质发酸时，全家人还要尽量把饭吃完。”①

随着经济发展水平的提升，以及食品数量和种类的增加，居民的食品消费数量有所增加且种类呈现多样化特征。具体来看，从日常消费情况来看，食品消费占消费总支出的比例越来越小（图2-2）。随着经济水平的提高与物质条件的改善，人们不再把主要精力放在基本的食品需求上，而是拓展了消费的领域，关注各种教育、医疗等消费内容。通过对浙江省农村居民家庭人均生活消费支出、食品支出和恩格尔系数情况的了解，可以掌握居民日常生活中消费这一方面所发生的变化。

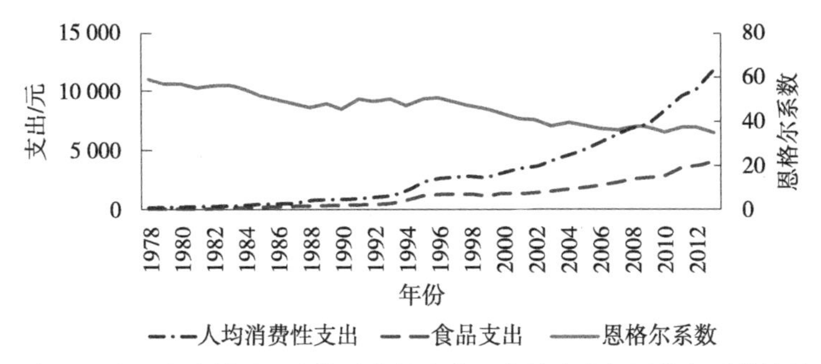

图 2-2　浙江省农村居民人均消费性支出、食品支出与恩格尔系数情况

数据来源：浙江统计年鉴（1978—2013 年）。

随着浙江农村地区人均收入的不断提高，居民的人均消费支出也随之逐年上升。从上图中可以看出。在消费支出中，人均食物消费支出也在不断上升，但是食物消费在总体人均消费中所占据的比例则不断下降，恩格尔系数呈现逐年下降的情况。浙江农村地区的恩格尔系数在近十几年的时间内不断下降。农村居民把更多的消费支出放在房屋建筑、文教娱乐、医疗保健等方面，总体上已经改变了原来以注重解决温饱问题为主的生活方式。同时，食物消费的种

① 费孝通，2001. 江村经济［M］. 北京：商务印书馆，111-118.

类与来源也发生了较大的变化。在食物消费的种类方面，肉类、奶类、水产品、蔬菜等的消费数量明显增加，在食物消费总量中的比例不断提高，居民生活营养结构发生较大改变。

二、穿着方面的改变

传统时期，在穿着方面，基本上是以穿暖为主，不讲究衣服的外形与花样。由于生产技术水平低下与物资紧张，布料的来源并不是很充足。一般情况下，每个人所拥有的衣服较少，只满足基本的穿着需求。因此，衣服的重复利用情况很多，衣服上出现各种补丁为的是延长衣服的使用时间；大人的衣服经过剪、缝之后，成为家里孩子的衣服；很多不能再穿的衣服也要发挥出布料的其他价值，例如，还可以作为纳鞋底，做护袖、抹布、拖把等物品的原材料。费孝通也曾提到，“衣物可由数代人穿用，直到穿坏为止。穿坏的衣服不扔掉，用来做鞋底、换糖果或陶瓷器皿。”[①]

随着服装市场的发展与消费水平的提高，穿着方面发生了较大的变化，不仅讲究衣服的保暖功能与质量，更多是追求款式、品牌与时尚等。对于服装的关注点早已从传统时期注重基本的保暖功能转为新时期各种款式、品牌的攀比甚至是炫耀。凡勃伦在《有闲阶级论》中提到，服装上的消费优于多数其他方式，因为我们穿的衣服是随时随地显豁呈露的，一切旁观者看到它所提供的标志，对于我们的金钱地位就可以胸中了然。还有一点也是明确的，同任何其他消费类型比较，在服装上为了夸耀而进行的花费，情况总是格外显著，风气也总是格外普遍。一切阶级在服装上的消费，大部分总是为了外表的体面，而不是为了御寒保暖，这种极其平凡的情况是没有人会否认的[②]。随着穿着消费方面的改变，衣服更新换代的速度越来越快，各种废弃衣服的数量也不断增加。从浙江省历年来农村地区人均衣着消费情况来看，人均衣着消费支出大大增加。

① 费孝通，2001. 江村经济［M］. 北京：商务印书馆，111-118.

② 凡勃伦，1964. 有闲阶级论［M］. 北京：商务印书馆，122.

1985—2014年，浙江农村地区人均衣着消费支出从49元增加到814元，增长了近16倍[①]（图2-3）。从总体上来看，衣着消费这一块有了很大的变化，衣服更新换代速度大大提升，废弃衣服数量大大增加。

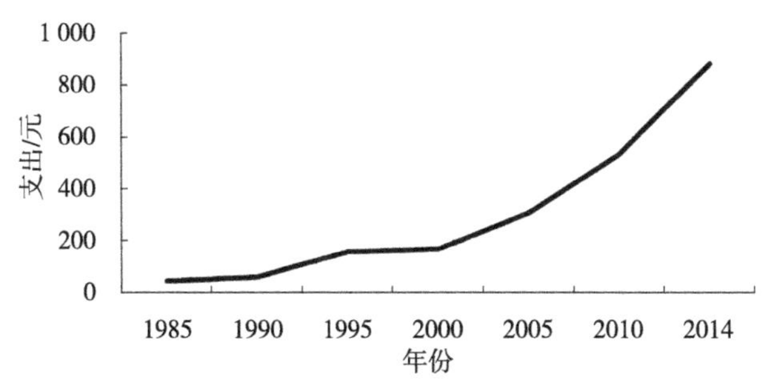

图2-3　浙江农村地区人均衣着消费支出情况

数据来源：历年浙江省统计年鉴。

三、房屋设施方面的变化

在改革开放之前，浙江省人均住房居住面积狭小，生活设施简单。在农业生产技术水平低下的传统时期，劳动力作为生产力的主要要素，成为提高农业产量的关键力量，每家每户的子女数量较多，总体人口数量也相对较多。在一个家庭中，人口数量的多少直接影响人均居住空间，多个孩子都挤在一张床上睡觉的现象比较普遍。各种生活设施也比较简单，只能满足基本的生活需求。例如，在如厕设施方面，一般家庭都是利用木桶或者陶缸作为主要工具，为的是最大程度的保留人粪尿，作为农业生产的肥料。“一所房屋，一般有三间房间。堂屋最大，用作劳动的场所，例如养蚕、缫丝、打谷等。堂屋后面是厨房，大小仅为堂屋的四分之一。再往后是卧室。在房后有些存放粪尿的陶缸，半埋在土地里面”[②]。美国农业学家富兰克林在《四千年农夫》中提到，中国农民实行的最伟大的

① 数据来源：《1985—2014年浙江省统计年鉴》。

② 费孝通，2001. 江村经济［M］. 北京：商务印书馆，111-118.

农业措施之一就是利用人类的粪便，将其用于保持土壤肥力以及提高作物产量，从而避免了居住环境受到粪便的污染，也很好地保护了土壤，避免破坏土壤肥力[①]。此外，村民的生活垃圾、草木灰、粪便等肥料返回到水田系统。生活垃圾如尘土、菜帮、菜根等被收集起来倒入村口或田头的“阳沟荡”以存放、沤制肥料。村民还会建一个专门的灰屋，收集日常生活产生的草木灰——天然的钾肥[②]。人和牲畜的粪便是最为宝贵的肥料。可以说，传统农耕时期是一个有垃圾无废物的社会。

近几十年来，房屋居住方面的变化也很明显，居住空间越来越大，相应的住房外部设施也有了很明显的改变。根据曹锦清在20世纪90年代对浙北农村住房条件的考察，该地区在新中国成立初期到60年代农村住房大多为“老屋”旧房延用，“老屋”的不同单元建筑建造时间不同，其陈旧程度、建筑风格和式样也不尽相同，同宗族人群居住在祖传老屋内，人均居住条件非常恶劣；在60—80年代，农村主要是拆除破旧老屋，翻建平房，原先居住在一起的农户陆续拆除旧屋老房，建立单独住所，住房间数增加，住房内空间布局也愈加分散合理，使得人均居住条件得到改善；80年代以后主要是建楼房，80年代农村实行了家庭承包责任制，生活开始富裕起来，对住房的改造表现为将原先所建砖木结构的平房陆续拆除，在原地基上造起钢筋水泥、砖瓦结构的楼房，有简易楼房和公寓式楼房（洋房）两种，楼房中卧室位置被搬到了楼上，个人居住质量更佳[③]。随着城市化的快速推进，农村地区的居住空间发生了翻天覆地的变化。浙江省内大部分地区都属于城镇密集区，这些地区不仅农村工业发达、经济发展快速，城市化率较高，农村居住

---

① 富兰克林·H. 金，2011. 四千年农夫：中国、朝鲜和日本的永续农业［M］. 程存旺，石嫣，译. 北京：东方出版社，113-123.

② 陈阿江，吴金芳，2017. 稻作方式的演变及其环境后果［J］. 广西民族大学学报（哲学社会科学版）(2)：111-120.

③ 曹锦清，张乐天，陈中亚，2001. 当代浙北乡村的社会文化变迁［M］. 上海：上海远东出版社，282-301.

方式也向城市看齐。农村居住条件历经了多个时期的逐步改善，从过去的“老屋”“平房”转变为如今的“楼房”“洋房”。随着住房空间的扩大，人均住房面积也相应增加，通过表 2-1 能够掌握浙江地区住房空间变化情况。

表 2-1　浙江省人均住房面积变化情况

单位：平方米

年份	1980	1985	1990	1995	2000	2005	2010	2014
人均住房面积	16.1	22.1	29.3	34.1	46.4	55	58.5	61.5

数据来源：历年浙江省统计年鉴。

住房外部条件改善的同时，住房内部卫生设施和居住条件也趋于现代化。随着生活水平的提高，马桶、粪缸逐渐被淘汰，如厕设施基本都被设立在房屋内的冲水式马桶所替代，大小便从下水管道流走。据统计资料显示，2014 年浙江省农村居民的冲水式厕所使用率已经超过 78%①，冲水式马桶已经在浙江农村地区逐渐普及开来，各种淋浴、洗浴设施也有所更新。但在方便居民用水的同时，也增加了用水量与生活污水排放量。

四、交通设施方面的变化

在改革开放之前，浙江省内的交通条件比较落后。从道路建设方面来看，20 世纪 50 年代浙江省内很多地区仍然没有修建公路，人们出行十分不方便。根据《一九五五年浙江农村工作经验汇编》的记载，“浙西临安县属于山区县，交通条件很不便利，当时每年出产的米、竹、柴炭、茶叶、蘑菇、笋干等土特产，大部分都靠人力运输。为了改善人力运输的条件，当地依靠合作社组织劳动力在县内修建了一条六公里长的公路”②。新中国成立初

① 数据来源：《2015 年浙江省统计年鉴》。

② 中国共产党浙江省委员会办公室，1956. 一九五五年浙江农村工作经验汇编 [M]．杭州：浙江人民出版社，267.

期，浙江境内可通车公路里程为1 244千米，其中全天候公路只有935千米，相应的技术标准低，通行能力差，基本濒于瘫痪①。在交通工具方面，浙北地区交通条件与苏南地区类似，正如费孝通在江村调查时所指出的，人们广泛使用木船进行长途和载重运输，但村庄自己并不造船而是从外面购买。每条船平均价格为80～100元。除那些不从事农业、渔业劳动的人家之外，几乎每户都有一条或几条船。在陆地上，人不得不靠自己的力量来搬运货物②。在新中国成立初期，浙江省内所有车辆总数不过千余辆，车辆破旧不堪，能参加营运的汽车以短途客运为主，货运车辆很少③。可见，当时道路交通建设和交通工具情况处于一个比较落后的阶段。

改革开放之后，浙江省内的交通条件发生了翻天覆地的变化。浙江公路交通基础设施建设，无论是在高速公路建设、干线公路建设还是县乡公路建设等方面均取得了较大的成就（图2-4）；浙江水陆交通基础设施建设，无论是在内河航道改造、内河航道建设还是沿海港口建设方面均取得了突破式的发展。正是各项交通基础设施的改善，促进了浙江农村地区的交通条件有了显著的改善，农民出行变得更加便利、生活满意度得到提高。

在交通工具方面也发生了较大改善。从原有主要依赖于水运木船转向机械化轮船，陆路交通则从人力为主转变到自行车、摩托车以及公共汽车与小汽车，极大方便了浙江农村居民的交通出行，提供了更为舒适便捷的交通设施。通过浙江省内历年家用小汽车的数量变化来反映交通工具改善的情况（图2-5）。

总体而言，经过几十年的经济社会发展，由于农民生活方面发生翻天覆地的变化，由此形成的农村生活污染问题也随之加

① 浙江省交通厅，浙江省社会科学院，2008. 浙江交通与改革开放三十年［M］. 杭州：杭州出版社，8.

② 费孝通，2006. 江村经济［M］. 上海：上海人民出版社，85.

③ 浙江省交通厅，浙江省社会科学院，2008. 浙江交通与改革开放三十年［M］. 杭州：杭州出版社，8-9.

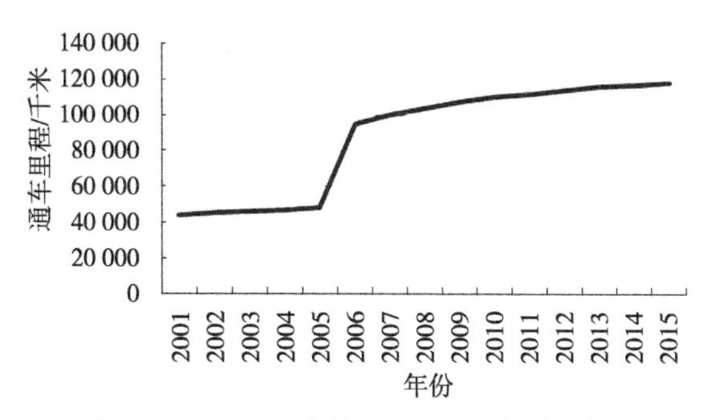

图 2-4　历年浙江省公路通车里程的增长情况

注：2005 年以后把县乡公路统计在内。

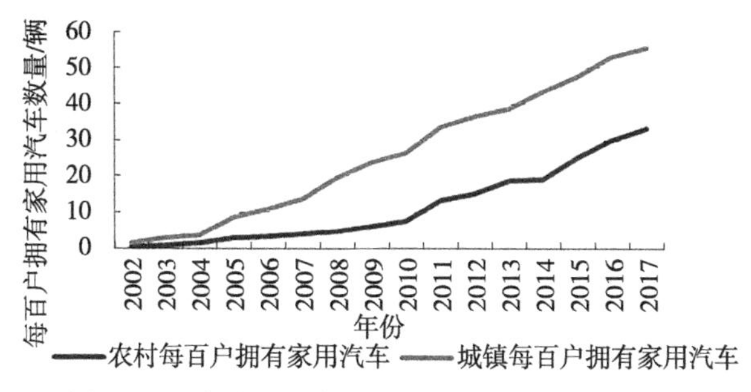

图 2-5　历年浙江省每百户拥有家用汽车数量统计

重。农民自身在经济社会的发展过程中把传统时期的一些有利于环境的行为习惯逐渐抛弃，进而造成现代的农村生活方式容易带来更多的环境风险。一方面，由于经济水平的提高，农民自身的消费能力不断提高，各种外来商品大量进入农村，造成农村“新型垃圾”围村，传统的废弃物利用方式难以消纳各种外来工业制品垃圾；另一方面，农业生产方面的技术更新换代迅速，化肥的大量推广使用，有效地提高了农作物的产量，但也替代了各种农家肥的肥力功能，牲畜粪便、人粪尿等外排造成了新的环境问题。

面对当前农村生活污染越来越严重的局面，如何有效改变农民的环境意识与环境行为来缓解环境污染是当前一项重要的课题。从环境管理者的角度来看，政府需要从制度的制定、实施等方面入手来有效地引导、组织与规范农民的生活行为，通过利用法律规则、村庄组织、村民自我约束等方式来改善农民的日常生活行为，减轻农村生活污染带来的影响。

第三节　区域农村生活污染及其危害

改革开放以来，随着经济快速的发展与居民生活水平的提高，农村生产生活方式发生较大变化，导致农村生活污染在农村环境污染中占据的比例越来越高。农业生产机械化、现代化的加快与农民消费方式的改变，造成农村环境发生较大改变。在农业生产中大量使用化肥、农药等化学元素，人粪尿、牲畜粪便等难以作为农家肥返还到田地中，容易造成农村地表水和地下水环境污染；村民消费方式的改变，大量外来“新型工业制品”进入农村社会，但农村社会系统自身却难以消化这些包装纸、塑料制品等外来垃圾，造成农村固体垃圾环境风险的增加。概括来看，农村生活污染主要来源于生活污水、生活垃圾、人粪尿、厨房废气、汽车尾气等。由于自改革开放以来很长一段时间内农村环境管理处于相对较为松懈的状态，农村生活污染问题一直缺乏足够的监管，导致在经济发展过程中出现了经济不断增长而忽视环境保护的问题。

值得关注的是，随着近几年国家对农村环境治理重视程度的提升，利用环境政策与制度、现代生活污染治理技术、环境监管措施等来开展农村生活污染治理，农村环境污染已经有所缓解并开始趋向好的方向发展。从农村生活污染应对方面来看，当前生活污染治理在环境制度、治理技术、日常管理等方面都有所改善，有效地扼制了环境污染不断加剧的状况，但总体的生活污染状况仍处在高位，影响着农民的日常生产生活。

一、区域农村生活污染状况

根据统计数据和研究资料显示，全国生活污染呈现出曲线形变化趋势。以 2005 年与 2014 年全国废水排放数据做一些比较与分析。2005 年的《中国环境状况公报》显示，全国废水排放总量为 524.5 亿吨（其中，工业废水排放量为 243.1 亿吨，生活污水排放量为 281.4 亿吨）；化学需氧量排放量为 1 414.2 万吨（其中，工业排放量为 554.8 万吨，生活排放量为 859.4 万吨）；氨氮排放量为 149.8 万吨（其中，工业排放量为 52.5 万吨，生活排放量为 97.3 万吨）。2014 年的《中国环境状况公报》显示，全国废水化学需氧量总排放量为 2 294.6 万吨，其中生活源排放量 864.4 万吨，占 37.67%；工业源排放量 311.3 万吨，占 13.57%；农业源排放量为 1 102.04 万吨，占 48.04%。氨氮总排放量为 238.5 万吨，其中生活源排放 138.1 万吨，占 57.9%[①]。通过近十年来生活废水化学需氧量和氨氮排放量的变化图（图 2-6），可以更为直接地反映出全国整体生活污染状况的情况。

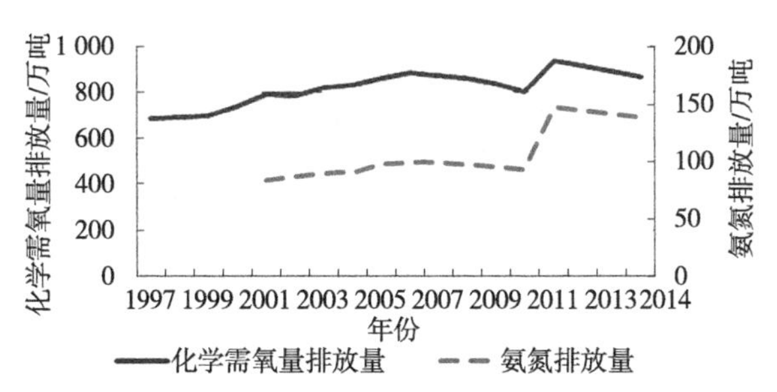

图 2-6　1997—2014 年全国生活废水排放中化学需氧量与氨氮排放量情况

根据上述情况可见，全国总体的生活污染状况呈曲线变化的趋势。从 21 世纪初开始相应的生活污染有加重的趋势，而最近几年来，相应的生活污染趋势有所减缓，尤其是 2011 年以后，生活污

① 数据来源：2014 年《中国环境状况公报》（http：//jcs. mep. gov. cn/hjzl/zkgb/2014zkgb/201506/t20150605 _ 303007. shtml）。

染的总体趋势向好。全国地表水优良水质断面比例不断提升，Ⅰ～Ⅲ类水体比例达到67.9%，劣Ⅴ类水体比例下降8.3%，大江大河干流水质稳步改善。

浙江省内的生活污染状况具有自身的特点。省内主要包括太湖流域、钱塘江流域、浙东南诸河流域等，分布范围较广，为了解浙江省内总体水质情况，可以从河流水质、省界河流水质以及湖泊水质等方面来掌握相关情况。

河流水质情况。2018年浙江河流水质为Ⅱ～Ⅴ类，其中Ⅱ～Ⅲ类水质断面占54.8%，Ⅳ类占35.7%，Ⅴ类占9.5%，主要污染指标为氨氮、总磷和化学需氧量。与上年相比，Ⅲ类及以上水质断面比例上升16.7个百分点。

湖泊水库情况。水库水质总体优良，主要为Ⅱ类（图2-7）；湖泊水质相对较差，其中西湖和东钱湖水质为Ⅲ类，鉴湖水质为Ⅳ类，南湖水质为Ⅴ类，部分湖泊呈现一定程度富营养化，水库以中营养为主。

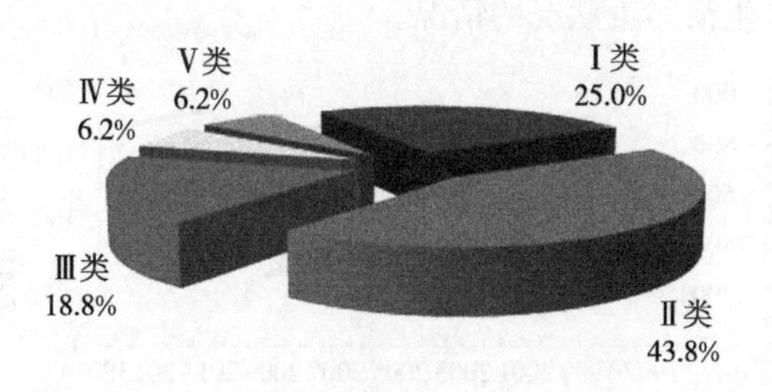

图2-7　浙江省湖泊水库水质状况

交接断面情况。全省跨行政区域河流交接断面中，Ⅰ～Ⅲ类水质断面占89%，Ⅳ类占8.3%，Ⅴ类占2.7%；水质达标率90.3%；与上年相比，Ⅰ～Ⅲ类水质断面比例下降1.4个百分点。

通过20年的浙江省水质情况的分析，可以发现，全省水质经历了由好到坏、再变好的过程。2000年，全省水质监测结果统计，有78.4%的河段水质达到或优于地面水环境质量Ⅲ类标准，其中Ⅰ类水质为 8.2%，Ⅱ类水质为 50.3%，Ⅲ类水质为 19.9%，有 21.6%的河段水质为Ⅳ类、Ⅴ类和劣于Ⅴ类。2004 年，全省水质监测结果统计，只有 52.1%的断面水质达到或优于地表水Ⅲ类标准，其中Ⅰ类水质为 4.1%，Ⅱ类水质为 24.9%，Ⅲ类水质为 23.1%，有 16.6%的水质为Ⅳ类，有 31.3%的水质为Ⅴ类和劣于Ⅴ类。2018 年，全省水质监测结果统计，有 84.6%的断面水质达到或优于地表水Ⅲ类标准，其中Ⅰ类水质为 10.4%，Ⅱ类水质为 48.0%，Ⅲ类水质为 26.2%，有 13.1%的水质为Ⅳ类，有 2.3%的水质为Ⅴ类，并无劣于Ⅴ类的水质。总体呈现一个大 V 形变化状态（图 2-8）。

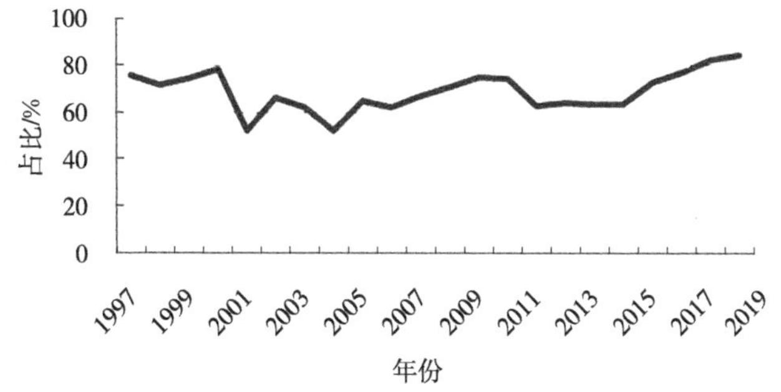

图 2-8　浙江省控断面检测结果统计水质达到或优于地表水Ⅲ类水质的比例

从浙江省的生活污水（包括城镇和农村地区）排放情况来看，近 20 年来排放的总量在不断增加且占据废水排放总量的比例也在不断上升。由于没有单独的农村地区生活污水排放数据，此处利用全部的生活废水排放数据来做一个总体的判断。由表 2-2 可知，2002 年生活污水的 COD 排放量比例就已经超过 50%；2011 年生活污水的排放量超过 50%，达到近 57%，且接下来几年排放量一直在增加。

表 2-2　历年生活污水排放量、COD 排放量及其比例

年份	生活污水排放量/亿吨	占总废水排放量的比例/%	生活污水 COD 排放量/万吨	占总 COD 排放量的比例/%
1998	6.8	37.6	27.1	38.2
1999	7.5	39.1	27.5	46.4

（续）

年份	生活污水排放量/亿吨	占总废水排放量的比例/%	生活污水COD排放量/万吨	占总COD排放量的比例/%
2000	7.7	36.1	24.5	41.5
2001	8.5	34.9	31.1	49.2
2002	9.1	35.1	29.5	50.9
2003	10.2	37.7	30.6	54.4
2004	11.6	41.2	30.5	54.8
2005	12.08	38.6	30.51	51.3
2006	13.11	39.6	30.62	51.7
2007	13.70	40.5	30.00	53.2
2008	14.99	42.8	29.59	54.9
2009	16.16	44.3	—	—
2010	17.75	44.9	—	—
2011	23.80	56.6	—	—
2012	24.56	58.3	—	—
2013	25.54	60.9	—	—
2014	26.89	64.3	—	—
2015	28.64	66.0	—	—
2016	30.77	69.6	—	—

数据来源：历年浙江省生态环境状况公报。

除了生活污水方面的影响之外，日常生活产生的固体生活垃圾也是生活污染的来源。近些年来，由于居民消费方式和生活方式的改变，固体生活垃圾数量短时间内快速增长，而垃圾处理却面临着不少的问题。由于固体生活垃圾数量增长过快，很多垃圾填埋场的使用寿命远远短于设计使用年限，导致垃圾围城、垃圾围村状况不断凸显。通过对近些年来的垃圾清运量的统计可以进一步掌握当前固体生活垃圾数量的变化情况。

从图2-9中可以看出，全国和浙江省的生活垃圾（城市地区）数量呈现上升趋势，浙江省的生活垃圾清运量增长的幅度大于全国的水平。可见，如不能有效地处理生活固体垃圾，垃圾数量的不断增长势必会带来严重的生活污染问题。由于对农村地区没有专门的生活垃圾清运量方面的统计，所以尚不清楚具体情况，但从城市地区的垃圾清运情况可以预见浙江农村生活垃圾的增长趋势。

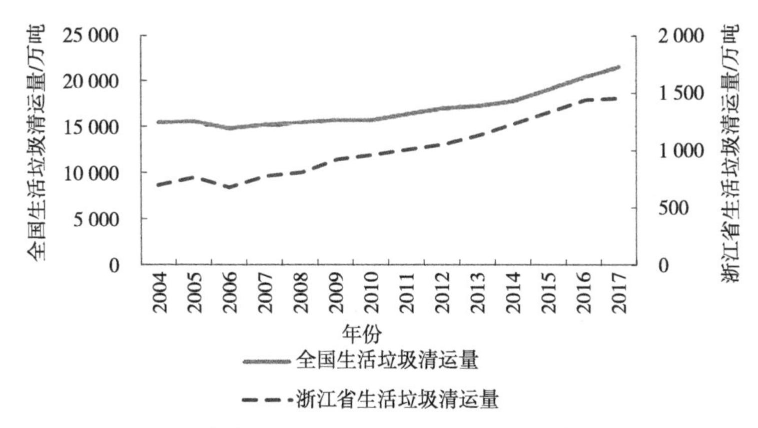

图 2-9　历年全国和浙江省生活垃圾（城市）清运量统计

二、区域农村生活污染的危害

随着农村生活污染的影响，农村经济社会的持续发展将受阻，农民正常的生产生活也会因此面临不少困境。尤其是随着生活污染的不断加重与长期影响，农村生活环境将会受到较大影响。并且，由于生活污染还可能造成农业生产遭受影响，导致农作物生长受到环境污染，出现食品安全问题。甚至生活污染严重时，人类健康也会受到影响。

根据农村生活污染造成的后果来具体分析相应的环境影响与危害。

水环境污染影响。随着农村生活污染的影响，周边水环境的污染和水质状况恶化是直接结果。当前，日常生活中洗衣、做饭、洗浴及其他零散用水直接排放到环境中，生活污水中含有大量氮、磷等污染物。污水不经处理直接排到地面经土壤下渗或汇入地表水体，对地表水及地下水造成直接危害。生活垃圾不及时处理，长期堆放容易产生渗滤液，渗滤液中的污染成分包括有机物、无机离子和营养物质，进入水环境中容易污染地下水和地表水，其危害具有长期性与潜在性。此外，人粪尿与分散养殖畜禽粪便含有大量氮、磷、有机物污染物及病原微生物，进入地表水与地下水环境，容易导致水体富营养化，进而造成水环境恶化。

由于水环境的污染导致水质发生改变，进而会引发饮水安全等健康问题。以2007年太湖蓝藻事件为例，由于太湖周边的企业污水、生活污水、人粪尿、生活垃圾等排放入太湖，造成太湖蓝藻大面积暴发，导致无锡市自来水厂的自来水来源受到污染，造成70%以上的居民难以获得足够的自来水，超市矿泉水被抢购一空。虽然造成太湖蓝藻暴发是多种原因共同作用造成的，但生活污染源在其中占据着较大的比重，是太湖水体富氧化的主要原因之一。与此同时，对一些农村地区来说，由于饮用水设施并不完善，大多数村民以地下水为饮用水源，如果地下水受到污染，也容易使村民饮用水难以得到有效保障。可以设想，由于没有完善的饮用水保障设施，而农村各类生活污水直排外环境或者人粪尿等污染物排放后渗透进入地下水，大部分村民饮用地下水面临着较高的环境风险，甚至有可能造成各类健康问题。2013年，笔者在浙江西部一个山区集镇进行工业转型问题调查时曾发现，由于当地是一个工业园区，大部分外来打工者都就近租住在周边农户的自住房，人口较为集中。因为集镇的饮用水主要是抽取地下水为主要来源，并受到生活污染的影响，夏季时，当地暴发了大规模的痢疾感染事件，造成一定程度的社会恐慌。

土壤环境污染影响。生活污染不仅造成水环境污染，还可能污染土壤造成一系列危害。由于生活污水、人粪尿以及生活垃圾堆积等造成的长期影响，各种有机污染物、重金属、硝酸盐等化学物质将会改变土壤结构，从而造成土壤环境发生较大程度的改变。生活垃圾中的废电池、日光灯、印刷品、牙膏皮等废物中的铅、锌、镉等主要的污染元素，会破坏土壤结构，使得土地酸化或碱化。据有关报道，一节一号含汞废电池能使一平方米的土地失去价值。由于土壤环境的变化，各种污染物可能会影响种植在土壤中的农作物，造成农作物生长过程遭受环境污染，产生食品安全问题。同时，由于受到生活污染的影响，土壤环境可能会遭受长期的盐碱化影响，并因此造成土壤结构发生变化，出现土壤板结等问题。

大气环境污染影响。生活污染造成大气污染，主要包括日常生活厨房烟尘、油烟废气等。从农村的实际情况来看，一部分农村地区仍是以使用木材等作为日常生活的燃料来源，通过燃烧木材来获得日常生活热量所需。但是，在大部分农村地区并没有相应的除尘设施，在木材燃烧过程中容易造成大量的烟尘，进而影响大气环境。此外，随着农村生活水平的提高，摩托车、家用汽车等机动车的数量不断增多，越来越多的家庭日常出行都选择开车出门，这在一定程度上也加重了机动车尾气排放的增多，对大气环境造成一定的影响。

村容村貌影响。当前部分农村缺乏足够的环境处理设施，日常生活污水、生活垃圾难以得到有效的处理，在农村周边地区长期沉积，不仅会产生相应的水、土壤和大气污染，还可以产生相应的环境景观影响。农村的村容村貌容易受到生活污水、生活垃圾等环境污染的影响，造成村庄整体的环境卫生状况陷入恶性循环的状态。随着农村生活污染状况不断加剧，各种溪河、沟渠、荒地等公共空间成为生活污水、生活垃圾的抛弃地，久而久之，各类公共空间受到环境污染的风险不断增加，造成整体景观的逐渐恶化。

总的来看，农村生活环境的变化与现代化进程中农村经济社会状况的改变有着直接联系。随着浙江地区农村生活在现代化过程中发生了较大程度的变化，传统农村生活中的行为习惯发生了较大改变，并且各种新型工业制品大量进入农村环境，农民难以简单地利用传统的物质循环系统来应对各类“新问题”。随着工业污染得到有效治理，农村生活污染在改革开放之后不断加重，已成为当前环境污染的主要污染源，亟待重视与解决。结合上述分析，当前浙江农村生活污染主要表现在人粪尿、家禽家畜、生活污水等造成的水环境、土壤环境、大气环境等方面的污染问题。

第三章 农村生活污染治理的变化过程分析

从整个农村生活污染治理的变化过程来分析，可以分为以下5个阶段：自我维持、治理真空、政府主导型、内发调整型、多元主体互动型。虽然5个阶段是按照时间序列来进行排列，但这些阶段在同一时间段以及统一地域内都可以叠加，形成了生活污染治理的多样性、复杂性与综合性。通过对农村生活污染治理变化过程的梳理，能够进一步掌握当前不同类型农村生活污染治理方式的现实情况，并且试图去理解农村生活污染治理背后的制度逻辑与运行规律。

第一节 “有垃圾无废物”的自我维持阶段

一、“有垃圾无废物”的传统农村

传统农村是一个“有垃圾无废物”的社会，日常生活垃圾都得到了充分利用，形成了生产-生活之间的循环系统，保持了物质、能量的平衡。陈阿江根据太湖流域的研究，总结出一套传统乡村社会垃圾处置制度：第一，人不能再吃的，往往留给家畜家禽做饲料。第二，不能做饲料的，尽量做燃料。这不仅是为柴灶添一把火，也是清洁的需要。第三，既不能做饲料也不能做燃料，通常被送到灰堆去，积少成多堆成肥[1]。于学斌在描绘东北农村生活时，对农村积肥活动进行废物循环利用有着详细的叙述。在化肥应用以

---

① 陈阿江，2012. 农村垃圾处置：传统生态要义与现代技术相结合［J］. 传承（3）：81.

前，肥料主要是土粪，即我们现在所说的农家肥，包括堆肥、绿肥和厩肥。堆肥是以杂草、垃圾（如草木灰、炕洞土等）为原料积压而成的肥料；绿肥是植物的嫩茎叶翻压在地里，经过发酵分解而成的肥料；厩肥包括人粪尿以及各种牲畜粪如羊粪、猪粪、牛粪。不同的肥料有不同的肥效，在农谚中各种肥料肥力都给予了精辟的总结。如“田里种绿肥，土质松又肥”说明绿肥的重要；“炕洞土，赛如虎”说明灶洞土的肥力之大；“羊粪当年富，猪粪年年强”说明羊粪当年见利，猪粪持续长久；“马粪性热，牛粪、猪粪性冷”说明各种肥料的热量不同[①]。可见，在传统农村社会中各种垃圾都在生产、生活环节中得以充分利用，避免了生活污染问题的出现。

传统生活垃圾处置基本上都在家户层面上完成。从一个家户的角度来看，有效地处置各种生活垃圾是农村生产生活技能的体现，也是家庭富裕程度的反映。因为从家户层面来有效处理生活垃圾，意味着各种农业生产所需的肥料得到了保障，而肥料的多少则直接关系到来年收成的好坏。根据家户层面的生活垃圾处置情况，可以掌握生产-生活过程中各种物质、能量循环流动的情况，具体可见图 3-1。“土地—庄稼—人—肥料”是整个循环过程中的关键环节。正是因为土地的存在，才能够生长各类庄稼、蔬菜与水果等，人和牲畜得到了物质上的供养，由此产生的粪尿、剩菜剩饭等废弃物可以转化为肥料，并返还到土地中去。在整个循环过程中，人类日常生活产生的垃圾都及时地转化为肥料被农作物吸收，成为重要的肥素来源。在肥料紧张的时候，农民还会收集城市生活产生的粪便，来满足农业生产的需要。富兰克林・金曾在中国农村观察时提到，一个中国承包商以 3.1 万美元的价格获得了收集 7.8 万吨上海粪便的特权，并且按照合同规定将它们运往乡下出售给农民[②]。

① 于学斌，2003. 东北农村生活［M］. 哈尔滨：黑龙江美术出版社，2.

② 富兰克林・H. 金，2011. 四千年农夫：中国、朝鲜和日本的永续农业［M］. 程存旺，石嫣，译. 北京：东方出版社，163.

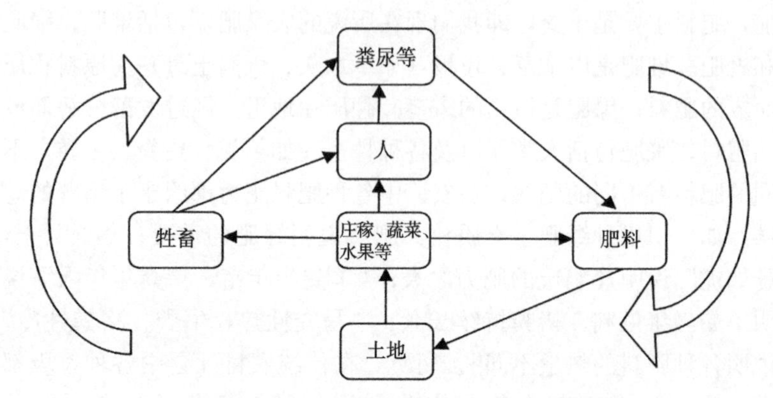

图 3-1　传统农村社会家户层面生活垃圾循环利用示意

受限于传统社会农村生产技术水平与外在物质条件等，家户层面的生产-生活过程中会做到物尽其用，减少废弃物的排放。可以说，传统的农村社会生产生活方式富含一些丰富的生态智慧，即使到现在也同样还有很大的启发意义。

第一，出于生存理性的考虑，把日常生活垃圾进行自动分类。例如，剩菜剩饭、烂菜叶、瓜果皮等厨余垃圾喂养牲畜；灰尘、灶灰、枯枝烂叶等则进入灰堆变成肥料；人粪尿、牲畜粪便也可以沤肥。这在一定程度上做到物质、能量的循环利用，减少了各种废弃物的丢弃与排放，实现了一种“循环经济”模式。

第二，为了满足生产的需要，收集生活垃圾也是日常生活的重要内容。由于农业生产需要大量的肥料，农村地区会存在捡拾人粪、牲畜粪便和从城市地区收集人粪尿等现象。这在很大程度上做到了村容村貌的整洁，也有效地解决了城市地区人粪尿等排泄物处理难的问题。

第三，基本保持了农村社会输入-输出之间的平衡，没有过剩的产物。传统农村生产-生活中产生的各类废弃物基本都是从土地而来，最终也回到土地中，没有农村自然环境难以消纳的外来物质。同时，各类物质不具有现代化学物质的毒性，不会造成食品安全等问题。

因此，从传统农村社会的生活垃圾处置情况来分析，家户层面的生活垃圾处置实现了一个封闭、完整的物质与能量的环流体系。家户层面的循环体系，不仅是一种物质上的循环，同时也是基本的家庭结构、家庭文化的循环。其一，通过家庭成员间的相互配合与合作，共同完成相应的生产-生活行为，把日常生活垃圾有效地利用起来，减少垃圾产生量，这是一种物质能量的循环系统。其二，这种生产-生活行为同样也是一种家庭文化的传承与延续，影响着传统农村社会家户中的每一个成员，形成了具有家户特点的垃圾处置方式。这表现出了一种稳定的家户层面文化，可以实现家庭内部文化的永续传承与更替。其三，这种家户层面的生活垃圾处置方式也是一种稳定的社会结构表现。家户作为农村社会的基本社会单元，正是因为家户结构的稳定存在才得以保持农村社会结构的稳固，村庄社会有机体才得以长久保存下来。

二、传统农村社会的规范体系

传统农村社会从家户层面上就可以实现“有垃圾无废物”的目标，为传统农村生活污染物的处理奠定了良好的社会基础。从农户到村庄，传统农村社会为应对日常生产生活中产生的各类生活垃圾，在村庄内部已经形成了一整套行之有效的环境治理体系。当然，这套“体系”并不是正式的管理机制或制度规范，而是基于传统农村的自然、经济、社会、文化等要素形成的村庄内部的规范体系，是经过农村社会长时间实践形成的村规民约。每一位生活在村庄社会内部的村民从小就不断内化相应的村落规范，日常的生产生活行为必然会符合相应的村庄规范要求。陈阿江曾在太湖流域地区进行长时间调查发现，村民的日常行为始终与圩田系统的生态平衡是相互协调的。但是，具体到每一个人而言，个体的行为并不总是与整个社区的利益相一致，个人行为并不总是自然而然地去维护生态平衡的。在长时段的历史生活中，圩田系统的生态平衡能够得到维持，也有赖于社会规范的控制及个人的道德自律[①]。

作为一个从小就生活在南方农村的普通村民，笔者对村庄内部的各类非正式规范要求有着深刻的理解与领悟。一是从家庭内部而言，结合农村生产生活的特点，形成了一套符合农村自然状况的生产生活行为习惯。日常生活中的各类剩菜剩饭都会被集中起来，投食给家禽家畜，减少各种食物上的浪费，如果小孩子不懂得珍惜粮食，父母就会教育子女应爱惜粮食。各种灰尘、灶灰都会被收集起来，统一进入草木灰堆中，作为重要农家肥使用于蔬菜、庄稼种植过程中，在有效减少各种废弃物的同时也增加了农村有机肥的来源。还有，各种牲畜粪便尤其是猪粪掺杂着稻草形成了重要的有机肥来源，人粪尿也是农民获取农家肥的重要来源之一。各种废铜烂铁、废报纸、旧衣物等作为重要的资源被利用起来，比如各种旧衣物，可以在兄弟姐妹中轮流使用，直到实在无法再穿的时候还可以作为抹布或缝补衣服的原材料，提高了废旧物品的使用价值。二是从村庄层面来看，村民之间通过相互帮助，可以共同完成一些生产生活活动。例如，在村庄内部通过互助的形式来完成沤肥、耕地、种植和收割等生产活动以及婚丧嫁娶等生活活动，促进各种生产生活资源的有效利用，促进农村生产生活活动高效运行的同时，还有助于减少各种废弃物的产生与影响。正是基于这样一套行之有效的农村生产生活行为习惯，大部分农民在村庄内部生活过程中都会自觉地建立起来，把各种生产生活废弃物有效地利用起来，在村庄层面可以形成物质与能量输入输出的平衡，从而保持村庄层面上的生态平衡。

对于生活在村庄内的村民而言，村庄内部的行为规则在长时间生活过程中早已内化为自身的行为要求，无时无刻不在约束着村民个体的行为。在20世纪八九十年代，正好处在改革开放初期，农民的生活水平逐渐有了提高，各种新事物也开始进入农村社会。各

---

① 陈阿江，2012. 次生焦虑：太湖流域水污染的社会解读［M］. 北京：中国社会科学出版社.

种新型工业制品进入农村之后，因为无法在原有的生产生活体系中被消纳，只能采取集中焚烧或者丢弃的方法来予以应对。但村民在采取相应措施的时候，并不是随意进行处理，而是从整个村庄的层面出发对各种废弃物进行妥善处理。令我记忆犹新的是，小时候父母在丢弃一些难以处理的垃圾时，总是需要走好长一段距离到村庄所在河流的下游才把垃圾扔掉，总是教育我们不能随意地把垃圾就扔在周边的田地中或村民家附近，这在很大程度上会影响其他村民的生产生活，甚至还有可能会遭到其他村民的责骂。随意乱丢垃圾在村庄内部就会被说成是“缺乏家教”，这不仅是对行为人的一种规训，更是对某一个家庭的惩罚。不符合村庄内部的规范体系，势必会被村庄内大多数村民看不起，甚至有可能成为村庄内的边缘群体，无法得到其他村民的认同。

村庄内部规范体系的影响是深刻的，即使个体离开了村庄的生产生活体系，其行为依然会时刻受到村庄规范的影响。随着城市化进程的推进，很多农村人口进入城市生活，但很多日常生活习惯依然保持着。例如，有些村民会因为帮子女带小孩进入城市小区一起生活，即使经过很长一段时间的适应，很多日常生活习惯依然与在农村生活时保持一致。每次淘米洗菜的废水依然会积累起来，作为洗拖把或者冲马桶之用，每次剩余的米饭都要集中起来晒干并包装好带回老家喂鸡喂鸭。虽然是日常生活中很微小的一些方面，但足以突显出农村日常规范体系对村民行为的影响之深和持续之长。

传统农村社会是一个礼治社会，通过教化的手段来促使村民内化村落规范。费孝通对乡土社会有着自己的理解，他认为乡土社会虽是一个“无法”的社会，但并不是说乡土社会缺乏社会的秩序，因为乡土社会是“礼治社会”。“礼并不是靠一个外在的权力来推行的，而是从教化中养成了个人的敬畏之感，使人服膺；人服礼是主动的。”① 这种教化形成于农村的日常生产生活过程中，通过长时间、反复地教化与实践，每一个村民个体都会逐渐形成符合村庄规

① 费孝通，2008. 乡土中国［M］. 北京：人民出版社，61-63.

范要求的行为，并按照这类要求在家庭内部形成相应的教育机制，教育子女按照相应的规范来行事。否则，家庭内部成员不能很好地开展相应的行为时，有可能会被村庄内的其他村民“说”，直至个体行为符合村庄的规范要求。因为传统农村社会是一个相对封闭的社会共同体，村庄内部形成了高度一致的“熟人社会”，村民的日常生产生活行为受到其他村民的监督与影响。如果个体的行为违反了村庄内部的规范要求，那势必会被其他村民认为是一种另类的表现，个体必须及时纠正相应的行为并做出一些承诺，以获得其他村民的认同。不然，久而久之，这种不符合村庄行为规范要求的个体会成为村庄的边缘人，无论是从日常村庄的公共舆论还是参与村庄公共事务决策方面来看，这类群体将会失去在村庄内部参与的权利。

第二节　生活污染治理的“真空阶段”

在改革开放之后的相当长一段时间内，农村生活污染问题没有得到重视，管理上出现了“真空”状态。在改革开放之后，越来越多的农民进入城市务工，最多的时候有将近3亿农民工在城市工作与生活，农村社会的封闭性和稳定性随着农民的流动而被打破。随着农民在农村与城市之间的频繁流动，不仅产生了较大的人员流动现象，更为重要的是农民把各种城市文化带入农村社会。特别是在市场经济环境下，经济理性思维影响着每一个个体，村民原子化现象逐渐明显，成为当前农村社会不得不面对的现实问题。随着村民个体经济理性思维的加重，越来越多的村民开始抛弃村落规范体系，取而代之的则是各种经济理性的利益目标，个体的日常生产生活行为也出现了较大的改变。

进入现代市场经济制度之后，传统农村的生产生活方式发生了改变，家户层面的垃圾处置方式也发生改变，由此产生了一系列环境问题。随着中国改革开放的推进和市场经济制度的建立，各种外来工业制品包装大量进入农村，但农村自然环境难以消纳、吸收各类塑料垃圾，进而造成塑料垃圾围村、垃圾成山等现象的出现；农业生产中则开始使用化肥、农药等现代化学物质，传统的人粪尿、牲畜粪便等沤肥方式逐渐被抛弃，农村面源污染问题与土壤板结状况不断加剧；农村生活方式的城市化，食物、穿着、电子产品消费数量的增加，出现大量难降解的固体垃圾；抽水马桶在农村地区的广泛使用而污水处理设施的不到位，造成大量的人粪尿等排泄物直排外环境，影响了周边的水环境。所以，现代农村社会受到现代性扩张的影响以及西方现代理性文化的进入，造成了农民意识与行为的转变，农民趋向于追求效用的最大化，导致农村日常生活污染不断加重，影响了农村生态与环境的稳定。

家户层面生活垃圾处置方式改变，其背后是一个社会问题。当前农村地区生产生活方式和价值观念处于急剧转型的阶段，导致了结构断裂、循环断裂和文化断裂三重断裂现象，进而造成各类环境污染状况越来越严重①。一是消费方式变化。随着经济水平的提高与现代西方文化的进入，农民的消费理念也发生了转变，从基本生存需求的满足逐渐转变到攀比性物质消费方式，甚至是炫耀性消费。这种消费理念与行为的出现，在一定程度上改变了传统农村社会中节约型的生活方式。各类衣物、手机、电器等更新换代的速度不断加快，造成大量废弃物的产生，容易导致相应的环境风险。二是生活方式的城市化。随着城市化的不断推进，农村生活也越来越趋向于城市化，例如，农村抽水马桶的使用越来越普及，传统农村人粪尿沤肥方式逐渐消失，而生活污水处理却不到位，造成生活污水的大量外排而影响周边的环境；消费方式和生活方式的改变，也是一种家户层面的变化。三是环境技能的缺失。传统农村社会中受限于有限的物质条件与技术水平，农民在生存理性意识的指导下充分利用各种废弃物，实现了农村社会中物质、能量之间的循环流动。但在现代社会影响下，农民逐渐抛弃了原有的生产生活方式，

---

① 耿言虎，2012. 三维“断裂”：城郊村落环境问题的社会学阐释［J］. 中国农业大学学报（社会科学版）(1)：73-80.

却没有掌握新的环境技能来应对各类新型环境问题，导致环境风险不断增大（图 3-2）。

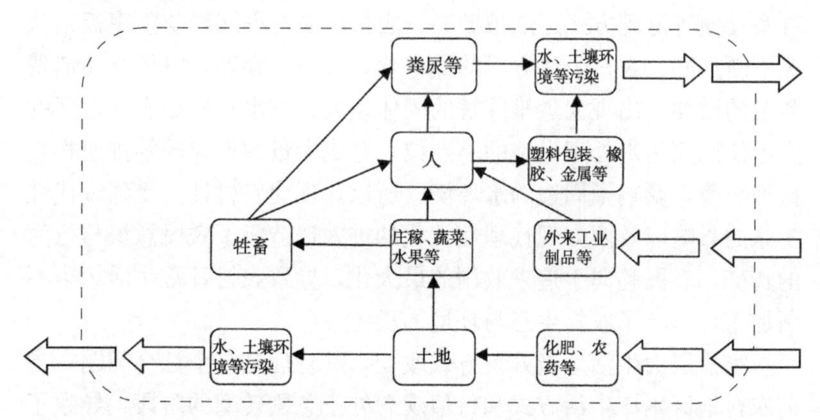

图 3-2　现代农村社会家户层面生活垃圾循环断裂示意

由于现代社会中农村生活垃圾与生活污水处理方式不当，各种环境问题层出不穷。据调查数据显示，目前全国只有 19.4％的农村生活垃圾被送到规定地点进行统一清运、处理；49.1％的垃圾处于无人管理的裸露状态；垃圾还田和燃烧的比率分别为 15.3％和 12.2％，另外还有其他少量垃圾被掩埋或丢弃到水体（占 4％）。每年农村生活污水产生量为 90 多亿吨，相当于全国生活污水排放总量的 30％左右①。可见，农村生活垃圾与生活污水污染越来越严重，已造成一系列环境污染问题。

水环境污染。农村生活污水和生活垃圾普遍缺乏有效治理，已经成为当前我国水污染的重要因素之一。2014 年，农村常住人口为 61 866 万人，按人均排污 30～40 升/天计算，我国农村年产生生活污水高达 67.7 亿～90.3 亿吨②。从水环境污染情况来看，虽没有全国性的数据，但一些流域数据均显示农村生活污染源对水环

① 王金霞，等，2013. 中国农村生活污染与农业生产污染：现状与治理对策研究［M］. 北京：科学出版社，29-30.

② 鞠昌华，张卫东，朱琳，等，2016. 我国农村生活污水治理问题及对策研究［J］. 环境保护（6）：49-52.

境的影响不容忽视。如在太湖流域，2010 年农村生活污染源入湖 COD 总量为 61 312 吨，占面源污染入湖 COD 总量的 18.30%，入湖氨氮 4 840 吨，占面源污染氨氮入湖比重的 22.22%，排放总磷 753 吨，占面源污染总磷比重为 14.05%，排放总氮 12 278 吨，占面源污染入湖总氮比重为 20.19%[①]。可见，农村生活污染不仅危害到农村环境状况，同时还造成了一系列的流域环境问题。

土壤环境污染。农村生活垃圾和生活污水是农村地区普遍存在的土壤污染源之一。大量堆积的固体垃圾经过雨水淋洗，会排出含有大量有毒有害的渗滤液，多数未经处理直接进入水体，然后进入土壤。当前农村地区大量的废旧塑料袋等塑料制品是农村垃圾的主要成分，不仅数量大，而且难以降解，多数进入土壤环境。生活污水的发生量也在不断增加，各种洗浴废水、人粪尿、厨房废水等生活污水未经处理外排到土壤环境。由于固体垃圾、生活污水等的影响，容易造成土壤环境中的重金属超标，有的地方重金属超标 400～600 倍。与此同时，随着传统农村社会中农家肥使用方式的改变，大量化肥、农药的使用造成了土地肥力下降、土壤板结、土壤污染等问题。

空气环境污染。当前农村生活垃圾处理中，很大一部分垃圾采用的是简单焚烧方法来进行处理，但是这种处理方式由于技术达不到标准，容易产生空气污染。并且简单的焚烧由于温度不够，难以充分燃烧垃圾，会产生二噁英等有毒有害气体，污染空气的同时，危害人们的身体健康。

虽然这一阶段的农村生活污染问题已经逐渐突显出来，但从环境管理或环境治理方面来看，相应的治理理念和治理措施却没有及时跟上，造成农村生活污染状况不断恶化。

首先，从当时的农村环境治理理念来看，环境治理刚处在起步阶段且重心主要放在乡村工业污染防治方面。改革开放之后，随着

① 数据来源：《太湖流域水环境综合治理总体方案（2013 年编修）》（http://www.zjdpc.gov.cn/art/2014/2/9/art_87_629043.html）。

乡镇工业和乡村工业的大力发展，各类中小型企业、工厂在农村地区遍地开花，极大地促进了乡村工业经济实力的提升。但与此同时，由于乡村工业经济发展门槛低、规模小、资金少，各类工业企业发展过程中并没有设立相应的环境处理设施，导致农村工业污染越来越严重，并引起环境管理者的重视。与乡村工业相对集中、急剧的污染相比，农村生活污染则表现出缓慢、分散与隐蔽的特点，不容易被察觉与发现，环境管理者自身也没有对农村生活污染引起重视。从农民的角度来分析，随着日常生产生活方式的现代化，很多原来生活污染的应对方式也逐渐失去了效用，但对于农村生活污染的加重也存在着一种“无感”状态。一方面，在快速变化的经济社会环境下，农民自身的教育水平可能还不能与生活污染等环境专业问题有效地连接起来，难以准确、深入地掌握农村生活污染的状况及其危害；另一方面，从个体农民的角度来分析，面对的生活污染此类公共性问题时往往会出现“公地悲剧”的现象。个体的能力难以有效应对越来越严重的农村生活污染等公共性问题，且村庄内部的集体行动力在现代化过程中有所下降，难以组织村民来共同应对生活污染问题。

其次，从当时的农村环境治理能力来看，无论是管理制度还是人员、资金、设备等都比较缺乏。一是农村生活污染的治理状况与当地的整体经济状况有着密切联系。所在地区的经济条件越好，就越有经济实力来提供生活垃圾、生活污水的处理服务。同时，随着整体经济发展水平和农民生活水平的提高，当地村民对生活环境质量的要求也会越高，因而也就有可能促进当地生活污染治理的推进。二是农村生活污染治理与劳动力非农就业情况也有着相关关联。据中科院的数据统计显示，在有生活污染治理的村庄中，非农劳动力的就业比例为26%；这一比例低于没有设施村庄的32%。这反映出，随着非农就业率的提高，越来越多的农民外出打工，在村庄内长时间居住的人数在减少，可能就会对村庄的生活污染状况不会有太大的需求，相应的生活污染治理水平也会不断下降。三是农村生活污染治理还与村干部整体能力有着联系。从实地调查情况来看，当时的农村生活污染状况与村干部整体素质有着关联，如果村干部相对较年轻，且受教育程度越高，可能对农村生活污染治理的重视程度也越高，也会更主动地调动和组织村民参与生活污染治理工作，提高村庄的生活污染治理水平。

第三节　政府主导型环境治理阶段

进入现代社会之后，随着农村生活污染的影响不断加重，从公众到政府都意识到治理农村生活污染迫在眉睫。特别是对于一些东部沿海地区而言，由于工业化、城市化的起步相对较早，很多环境问题也较早地出现，需要尽快地出台治理措施来予以应对。在农村生活污染治理方面，东部沿海地区农村在城市化过程中较早地遇到了生活污染的问题，并结合地方社会的实际情况开展农村生活污染治理。经过十几年时间的实践探索，农村生活污染治理已经经历了政府主导型治理、内发调整型治理和多元主体互动型治理这 3 个阶段。不过，根据已有研究和实地调查可知，这 3 个治理阶段不仅仅是时间序列上的划分，同时也是 3 种不同的治理类型。不同类型的农村采用与之相符的治理方式，并且在不同的时间段内也可以利用不同的治理方式来应对生活污染。

当前，从农村生活污染治理的过程和规律来分析，政府主导型环境治理成为绝大多数农村应对生活污染起步阶段的主要手段。究其原因：一是农村生活污染是一个公共性问题，政府作为环境管理者首当其冲地需要承担治理责任。作为农村环境治理的主导者——地方政府，应对农村生活污染问题过程时需要承担起治理者的角色，把农村生活污染治理纳入日常的政府职责范围之内。二是从现代农村社会的变迁情况来看，农村原子化现象越来越明显，村庄集体行动力下降。改革开放之后，随着经济的飞速发展与社会的快速变化，农民在城市化、工业化进程中，早已抛弃原来传统农村社会的价值规范体系，转而以经济理性思维来判断与应对各类公共事务。所以，对于农村生活污染问题，村庄内部难以形成有效的组织力来组织村民积极应对生活污染问题，村庄的集体行动力已经大幅减弱。地方政府成为农村社会应对生活污染等公共性问题的主要力量，需要地方政府引导与组织村庄开展生活污染的治理工作。三是从农村集体经济收入情况来看，当前农村集体经济收入较少难以支持环境治理等公共事务的投入。随着农村税费改革制度的实施，大部分农村的集体经济收入不断下降，甚至出现了集体经济欠债的现象，面临着“消薄化债”的工作压力。所以，在这种农村集体经济发展的现状下，大部分农村在应对生活污染过程中出现“无能为力”的尴尬境地，无法为生活污染治理投入相应的资金，只能依靠地方政府的投入来建设相应的环境治理设施和制度，实现农村生活污染治理的起步。

因此，在农村生活污染治理迫切需求和当前农村经济社会发展的现实情况下，政府主导型治理方式越来越成为大多数农村地区治理生活污染的重要方式。通过地方政府的引导与组织来形成村庄内部的生活污染治理机制，在村庄内部建立健全生活污染治理设施设备，并投入相应的人力、财力来促进生活管理体系的建设。正是基于地方政府强大的组织能力和资源整合能力，在农村生活污染治理过程中通过地方政府的力量来有效地促进农村生活环境的改善。

然而，随着政府主导型环境治理机制在农村生活污染治理过程中的深入，很多问题与不足逐渐呈现出来，对农村生活污染治理形成相应的影响。

其一，在“自上而下”的政府主导型环境治理模式中，政府趋向于简单化、标准化地分析情况与做出决策，难以顾及地方社会的实际情况。正如斯科特在《国家的视角》中提到，国家开展与实施林业项目时，主张简单化、标准化地思考问题并做出决策；地方阻碍标准化的能力也是明显的[1]。在农村生活环境整治过程中，地方政府从一开始的决策思维就是从“治”的角度来思考问题，理所当

---

① 詹姆斯·C. 斯科特，2004. 国家的视角：那些试图改善人类状况的项目是如何失败的［M］. 王晓毅，译. 北京：社会科学文献出版社，34.

然地把生产生活过程中产生的垃圾、废弃物都作为环境污染的来源，需要通过各种治理手段来进行清除。这与传统农耕社会时期“物尽其用”的做法截然不同。传统农耕社会生活垃圾、废弃物等很少被“治”，而是“用”起来，实现了“治与用”的结合。因此，政府主导型环境治理不仅造成了一些可利用资源的浪费，同时还增加了环境治理的成本与额外的环境风险。从实地调查来看，很多农村地区实施了生活污水截污纳管工程，这也改变了传统农村社会村民的生产生活习惯。一直以来，即使在现代社会中，农民还是会把人粪尿等农家肥作为重要的肥料来源，但是这种循环利用的方式在各种截污纳管工程实施之后就被阻断，利用各种工程治理途径来应对生活污染问题。只是，从现实的情况来分析，地方政府主导的生活污染治理方式能够较好地满足农村社会的实际情况，这可能需要进行不断的调试与完善。

其二，开展农村环境治理工作存在“一刀切”现象，不注重普遍性与特殊性的统一。政府主导型环境治理难以避免集权化管理可能拉大政策制定部门与广大基层执行者之间的距离，使得保持上层权威与地方有效治理之间的矛盾加重等问题①，从上至下的执行方式，容易造成“一刀切”的问题，难以顾及不同类型、不同地域农村社会的差异性。在实地调查时就发现，不少农村在推广截污纳管、污水设施建设的过程中，由于部分农户居住分散需要耗费大量的人力、物力来进行截污纳管，且实际的治污效果也并不见得令人满意。同时，迫于工程验收与政绩考核的要求，地方政府和村干部还是会花费大量的人力、物力与财力投入生活污水管道设施建设中。但是，从农村生活污水日常处理情况来看，往往存在“上面来检查才会启动设备”现象，高昂的运维费用导致很多农村污水处理设施设备处于闲置状态，无法真正发挥效用。

其三，政府崇尚技术主义，擅于利用各种技术手段来治理农村

① 周雪光，2011. 权威体制与有效治理：当代中国国家治理的制度逻辑［J］. 开放时代（10）：67-85.

生活污染问题，只关注技术的正面效应而忽视技术的负面影响。技术是双刃剑，技术进步带来了现代社会的发展，但是技术滥用也会造成严重的社会问题，当前严重的生态退化与环境污染就与之密切相关①。技术手段是政府主导型环境治理最常用的方法之一。技术手段被认为不仅可以立竿见影地体现治理效果，还符合政府管理、监督与考核的标准。然而，技术手段的使用也容易导致一些负面问题的出现。例如在农村生活垃圾治理过程中，各种新设备、新技术、新手段的应用，虽然在一定程度上有助于政府、村干部监管村民的生活垃圾分类行为，但新技术的引入也有可能造成乡村治理机制发生较大的改变。原来以村民自治的村庄公共事务则逐渐转变为科层化的行政管理方式，影响了村庄作为共同体在应对一些公共性问题时的主动性，也难以发挥农民作为农村社会主体的自主性。

因此，针对大规模、统一化、崇尚技术的政府主导型环境治理机制的弊端，我们需要进一步予以完善与细化当前的农村环境治理机制，能够做到针对性、精细化地治理农村生活污染。借此，我们提出在政府主导型环境治理基础上需要关注各地农村社会的实际情况，发挥农民自身在生活污染应对机制中的主体性作用。从农村社会的真实情况与农民自身的要求出发，来有效地应对当前农村生活污染问题，形成一种符合地方社会实情的内发调整型治理方式。

第四节　内发调整型环境治理阶段

随着政府主导型环境治理方式在农村生活污染治理过程中遇到越来越多的问题，基于村庄内部自治力量形成的环境治理方式开始发挥作用，开始从政府主导型治理向内发调整型治理转变。内发调整型治理方式主要是结合农村社会的实际情况并通过村民自治的方

① MOL A P J，SONNENFELD D A，2000. Ecological Modernisation Around the World：Perspectives and Critical Debates [M]. London and Portland：Frank Cass& Co. Ltd.

式来推进农村生活污染的有效治理。日本学者鸟越皓之曾在日本琵琶湖考察过程中，提出了“生活环境主义”的环境治理模式。言简意赅地说，生活环境主义本质上就是通过尊重和挖掘并激活“当地的生活”中的智慧，来解决环境问题的一种方法。换句话说，就是既能从生活的角度“安抚”自然，又能使其成果得到反馈，用来改善并丰富当地人生活的一种方式①。内发调整型环境治理在本质上也是一种“生活环境主义”，强调利用村庄内部的资源与力量来应对生活污染，并满足当地居民的生产生活需求。可以说，此类环境治理方式具有多方面的治理优势与自身特点。

第一，地方精英是内发调整型环境治理方式的重要组织者与领导者，农民是参与主体。从一些生活污染治理较好的村庄情况来看，地方精英、地方能人在整个环境治理过程中起到了重要的组织与领导作用。这类群体在村庄内部具有一定的权威影响，能够带领广大村民积极参与一些村庄公共事务。与此同时，地方精英在开展农村生活污染治理过程中也能够从村庄的实际情况出发，结合农民的生产生活需要，以农民所能接受的治理方式来开展环境治理。所以，内发调整型环境治理方式不仅能够较好推进农村生活污染的治理，还在一定程度上通过地方精英来调动农民参与的积极性。

第二，内发调整型环境治理方式内嵌于农村自然环境与社会结构。内发调整型环境治理需要与当地的自然环境有机结合，形成符合当地自然地理条件的环境治理手段，以此来实现农村生活污染的有效治理。从自然地理条件来看，山区、平原、沙漠、高原等地形地貌形成了截然不同的自然地理条件，这也在一定程度上需要采用不同类型的环境治理方式来应对环境污染。从农村生活污染治理情况来看，也需要与周边的自然状况结合起来，以符合自然环境状况的环境治理方式来应对农村生活污染问题。同样，从社会状况来分

---

① 鸟越皓之，闰美芳，2011. 日本的环境社会学与生活环境主义［J］. 学海（3）：42-54.

析，农村生活污染治理方式也必须与农村的社会结构、社会关系以及地方文化结合起来，以一种当地农民愿意接受并主动参与的治理方式来进行。

第三，内发调整型环境治理方式是当地居民长期生产生活过程中总结形成的一种实践行为。在现代社会快速发展与变化过程中，农村社会内部的生产生活实践也发生了较大的改变，但有一种“传统性”一直存在于农村社会，本质上是一种社会文化根源促使农民做出恰当的实践行为。正是这样一种文化根源的作用，农民在农村社会生产生活过程中形成一套符合农村自然环境与社会状况的应对方法，并能够长久持续地保留下来。农民长期在农村进行生产生活，与周边的自然环境形成长期的互动，形成了人与自然之间的和谐有序的生活状态。内发调整型环境治理正是基于这样一种实践基础，能够以最合理有效的环境治理方式来应对生活污染，有助于维护农村良好的环境状况。

然而，由于现代社会发展与变化的速度太快，农村社会也遭遇了前所未有的冲击，无论是村庄的社会结构、社会关系与地方文化，还是普通村民的个体意识与行为都发生了较大的变化。内发调整型环境治理方式在社会变迁背景下也时刻遭遇现代性的冲击，各种外来的生产生活方式、工业制品、技术手段等都限制着内发调整型环境治理作用的发挥。

第一，乡村治理行政化背景下，内发调整型环境治理方式面临着前所未有的压力。随着“国家-社会”关系的不断变化，近年来国家权力不断渗入农村社会，村干部行政化趋势越来越明显，影响着内发调整型环境治理机制的发挥。以地方政府的科层制管理逻辑取代乡村社会的人情关系逻辑来推进环境治理，虽然有助于整合各类社会资源来推进农村生活污染的治理，但也在很大程度上扰乱了农村社会正常的生产生活秩序。但是，面对着上级政府的政绩考核压力，地方政府与村干部在农村环境治理过程中面临着越来越大的压力，行政管理机制有可能成为应对生活污染的主要手段。

第二，治理方式持久性运作遭遇障碍，资金、技术、管理的缺乏以及村庄集体行动力减弱。虽然内发调整型环境治理方式具有较好的内生性，也符合农村社会的现实需求，但从环境治理过程来分析，资金、技术、管理等条件的欠缺造成此类治理方式无法有效应对各类新型生活污染问题。例如，各种外来新型工业制品进入农村，造成农村生活垃圾处理需要新的技术手段和更多的资金投入。同时，随着现代性侵入农村社会，各种经济理性思维成为农民日常生产生活中的主导思想与行动依据，村庄内部的集体行动力不断减弱，难以有效地组织村民开展环境治理。所以，在现代社会背景下，如何有效地推进内发调整型环境治理方式持续发挥效用，需要综合考虑环境治理资金、技术、管理条件与农村社会状况与农民个体意识和行为表现。

第三，治理方式的人力资源的缺少，影响环境治理机制的设立。内发调整型环境治理依赖于村庄内部的地方精英来进行引导与组织村民共同参与环境治理行动。但是，在现代社会的变迁过程中，村庄内部的人口大量流失，尤其是一些年轻人在城镇化背景下进入城市进行生活和工作，造成农村社会的各类地方精英越来越少。这给农村环境治理带来了新的困境，以地方精英为基础的内发调整型环境治理机制越来越难形成，农民自身的主体性在农村环境治理过程中也在不断弱化，容易造成农村环境治理流于形式。

可见，以内发调整型环境治理方式来应对农村生活污染具有多方面的优势与特点，能够通过地方精英的领导与组织，来带动村民积极参与村庄环境治理事务。并且，这种具有内生性优势的环境治理方式也符合农村自然环境与社会状况特点，基于农民日常生产生活实际情况形成具有持久性的治理方式。不过，内发调整型环境治理方式也面临着一系列的困境与问题，乡村治理行政化、核心要素缺乏以及人力资源短缺等问题也时刻制约着此类治理方式的适用性与持久性。

第五节　多元主体互动型环境治理阶段

在政府主导型治理方式与内发调整型治理方式都面临一系列问题和困境时，农村生活污染应对需要依靠一种新的治理方式——多元主体互动型环境治理。此类环境治理方式是在长期农村生活污染治理过程中形成，从单一的地方政府或村民主体转向政府与村民合作的方式来共同应对生活污染问题。

多元主体互动型环境治理机制并不是一蹴而就的，而是在实践过程中不同主体不断探索尝试与博弈互动的结果。首先，从主体上来分析，多元主体势在必行。在现代社会背景下为了有效应对农村生活污染，地方政府发挥着主导作用，村民是村庄环境治理的主体，市场则是重要的技术主体，多元主体模式成为最优的选择。其次，从关系上来分析，多元主体之间保持着动态平衡。随着多元主体引入农村生活污染治理过程，主体之间形成了不断博弈与互动的关系，最终形成各方利益最大化的方式来开展农村生活污染治理。最后，多元主体互动型治理是一种具有代表性的环境治理机制。多元主体互动型环境治理方式已经成为农村环境治理过程中重要的治理方式之一，具有一定的普及性，也符合农村自然环境与社会状况。

多元主体互动型环境治理方式具有多重治理优势，不仅能够实现政府行政管理与村民自治之间的平衡，也有效地结合了农村自然、社会、文化等多方面因素，提高农村生活污染治理的效率。

第一，多元主体互动型环境治理方式体现了政府管理与村民自治之间的平衡，有助于各方主体利益的满足。在政府主导型环境治理和内发调整型环境治理过程中，都因为主体的单一性出现环境治理受阻的问题。而多元主体互动型环境治理方式则有效避免了此类不足，以多元主体共同协商、互动来实现动态平衡治理的目标。多元主体共同治理背后则体现了“国家-社会”关系的变化。在现代农村社会的环境治理过程中，无论是地方政府还是村民主体都无法有效地应对生活污染，因为农村生活污染问题变得更加复杂、多样与易变，需要发挥多方主体力量来共同应对。

第二，多元主体之间时刻存在着博弈、互动，环境治理方式的选择实则是妥协的结果。多元主体开展农村生活污染治理时，并不是互为独立，按照各自的行动逻辑来采取措施，而是基于不同主体之间反复博弈与互动，确保各方主体利益最大化的目标。从地方政府的角度来考虑，主要是以农村生活污染的治理结果作为政绩考核的重要指标，甚至成为政府标志性的宣传对象。但政府主导型治理容易忽视农村社会的自然、社会与文化等实际情况，造成环境治理并不满足农民生产生活需求，甚至产生一些新的社会矛盾与社会问题。从普通村民的角度来分析，更多是以村民的各类诉求作为环境治理的最终目的，符合农村自然环境与社会状况的特点。但在实际中，缺乏地方政府参与的农村环境治理方式往往缺少资金、技术与管理机制，难以长久、持续地维持下去。所以，多元主体进行博弈与互动，不仅满足了地方政府环境治理的政绩考核要求，也有效实现了村民满意的农村环境治理目标。

第三，多元主体互动型环境治理是普遍性与特殊性的统一，具有多样性、变化性等特征。在现实的农村生活污染治理过程中，多元主体互动型治理并不是一成不变或具有统一标准的治理方式。在不同地区、不同类型、不同时段的农村社会中，应对不同类型的生活污染问题，主体之间的关系也会随时变化。有的村庄因为村民自治能力较弱，可能在环境治理初期更需要地方政府的引导与组织力量的发挥。但到了治理后期，村民自治可能会成为主要力量来影响村庄环境治理。也有的村庄从一开始是政府主导型环境治理方式，但是随着治理进程的推进，越来越难以有效应对农村生活污染，进而引入村民自治主体，形成互动型治理机制。因此，这种变化、多样、系统的环境治理机制越来越反而能够更好地适应农村社会，以大部分村民都满意的治理方式来推进农村生活污染治理。

总的来看，农村生活污染治理可以分为三大阶段，即农村环境的自我维持阶段、管理真空阶段与环境治理阶段。其中，从环境治理阶段来看，又可以划分为三个过程（类型），从政府主导型环境治理、内发调整型环境治理到多元主体互动型环境治理。这三者既是逐步发展的三个时间段，又可以是并存的三种类型，具体根据农村自然、社会、文化等情况来进行选择。相比较而言，多元主体互动型环境治理方式在应对农村生活污染问题时，更具有其多主体协商治理的优势，可以结合村庄实际情况实行动态平衡治理，满足各方主体利益的同时也提高了环境治理效率。

第四章　政府主导型环境治理机制选择——白家村生活污水治理案例

在传统与现代“断裂”的背景下，农村生活污染问题不断突显，严重影响农村社会的正常发展。面对如此全面、深刻的现代性影响，农民自身也从“生存理性”转变到“经济理性”状态，日常生产生活行为因此出现了较大程度的改变，传统农耕社会的废弃物利用方式也彻底被抛弃。正是出于上述原因，农村生活污染状况越来越严重，干扰了农民正常的生产生活，甚至造成部分农民出现了健康问题。

当农村社会自身难以应对现代性所带来的各类生活污染问题时，就需要借助外力来缓解生活污染带来的不利影响。政府作为公共事务的主要管理者，理所当然是农村环境治理的重要主体。随着农村环境治理事务迫在眉睫，以政府为主导的环境治理方式开始成为应对农村生活污染的重要治理力量，并形成了一系列的环境治理机制。政府主导型环境治理有效缓解了农村生活污染带来的各类负面影响，并成为当前应对农村生活污染的重要手段。

在此，以浙江省西部一个山区村庄——白家村生活污水治理为例，来了解政府主导型环境治理给当地带来的变化与影响。白家村地处太湖源头，被誉为“太湖源头第一村”，水资源较为丰富，其下游的横畈水库是杭州市重要的饮用水源地之一。依托于当地优良的自然环境，白家村从 20 世纪 90 年代开始就发展农家乐乡村旅游，经过 20 多年的发展，当地的农家乐旅游产业已经颇具规模且在长三角地区具有一定影响力，旅游收入成为村民重要的经济收入来源之一。白家村行政村总面积 32 平方千米，共有 378 户 1 157 人，共辖 10 个村民小组。根据 2018 年的实地调查，当地村干部指出，全村农家乐经营户超过 200 户，床位 8 000 余张，有 2/3 以上的村劳动力参与农家乐旅游产业中。全村农家乐旅游经营性收入超过 8 000 万元，单户农户高的收入超过百万元，最少的也有四五万元。前来旅游的游客主要来自上海、杭州、苏州等长三角地区的大城市，每年旅游旺季为 7—10 月。

随着白家村在农家乐旅游产业方面的快速发展，当地的生活污染问题开始显现。大量游客来到当地进行餐饮、住宿消费，全村年均游客接待量超过 30 万人次。由于白家村长期以来没有建立完善的生活污染处理设施与制度，这种超负荷的游客进入给当地造成了生活垃圾、生活污水方面的环境问题，不仅影响着当地村民正常的生产生活，也给农家乐旅游的持续发展设置了障碍。

第一节　乡村旅游浪潮下的生活污染危机

一、乡村旅游的“先行者”

白家村因地处浙西山区，土地资源稀缺，如何寻求经济发展一直以来是当地人需要面对的现实问题。

从历史上来看，白家村村民一直延续着“靠山吃山”的生产方式来维持生计，村庄的经济发展分为 3 个阶段。第一个阶段“卖木材”，20 世纪 80 年代全国实行家庭联产承包责任制之后，白家村由于 96％的土地都是山林，少量的耕地难以养活村民。为了生存，当地村民只有砍伐山上的树木，以出售木质资源作为其主要的经济来源，1988 年的人均收入只有 814 元。1983—1988 年，村庄拥有的山林几乎被开发殆尽，当地的森林蓄积量急剧下降，同时，由于森林面积的减少，山区地质灾害的发生率不断提高，总体的生态环境状况恶化，不仅难以维持当地村民的经济收入，而且还严重威胁着村民的生命财产安全。由于粗放式的森林采伐难以维持当地村民的正常生计，白家村开始转变思路，进入经济发展的第二个阶段“卖山货”。为了保护当地遭受破坏的森林生态，白家村在地方政府的指导下认真总结之前的经验教训，调整当地的林业产业结构，通过种植山核桃、茶树、雷竹（笋干）等经济林木来改变原有的经济收入方式。面对生态破坏的局面，白家村村民率先在当地提出了“禁烧火炭，封山育林”的口号，同时，开发各类绿色有机食品来增加村民的经济收入。经过几年的努力，当地的生态环境状况有了较大的改善，各类地质灾害明显减少，保障了村民安全舒适的生活环境。此外，经济发展也取得了明显的成效，到1996年当地村民年均收入达到3 455元，其中非木质林产品的收入占到90%以上。第三阶段“卖生态”，1996年之后，为了进一步促进白家村经济发展，当地村民开始寻求新的发展方式——乡村旅游。借助于当地良好的生态环境，白家村人通过招商引资在当地建立了一个太湖源头景区，依托景区来发展当地的农家乐旅游。1998年以来，为配套当地生态旅游项目开发，全村大力建设农特产品市场、茶室、饭店等配套服务设施，开发旅游配套产品，截至2018年，全村农家乐经营性收入超过8 000万元，人均收入5万余元。

从白家村的实际条件来看，以传统的农业生产来谋求发展的确很难，但正是这样艰苦受限的自然条件激发起白家村人发家致富的热情和敢闯敢试的胆量。在一个交通条件并不便利、基础设施也不完善的山区村庄，白家村人首先是利用自住的农家房来开办农家乐，为前来观光旅游的游客提供农家餐饮和住宿。随着农家乐旅游规模的不断扩大，当地村民经营农家乐的数量也在不断增多，与此同时，农家乐经营模式也在改变，不仅本地村民利用农家住房和新建房屋来经营农家乐产业，还吸引了外来投资商来白家村进行投资从事农家乐旅游，有的外来投资商和本地村民合作，创新乡村旅游的“联众模式”。

“我们村最早在20世纪90年代就开始搞农家乐旅游，当时受一些国外考察团的启发，提出借助我们村周边良好的生态环境可以搞乡村生态旅游。可以说，我们搞农家乐当时在浙江省内算是最早的，是乡村旅游第一家。经过这么多年的发展，我们村在整个长三角地区都是挺有名气的，游客大部分来自上海、苏州、无锡、杭州等大城市。从最开始的农民自住房到现在的度假区，我们村里的农家乐旅游也已经更新了好几代。你看的楼房基本上都是农民通过开办农家乐赚了钱之后扩建的住房，都是五六层楼高，有的外地老板过来投资，承包当地村民的房屋来搞农家乐，每年付给村民相应的承包费。除此之外，我们这边还有许多‘联众模式’，就是村民不用出钱，只要提供宅基地，外来老板进行投资开发，兴建度假区，把底层的房屋免费给村民居住，二层以上的房间则被投资商出租，租期一般是30年，等到30年的租期到了之后，整栋房屋都归村民所有。”（20180316YGB访谈录）

经过这30多年的发展，白家村经历了3次经济腾飞，尤其是最后一次借助乡村旅游和农家乐产业发展取得了跨越式的提升。从经济发展的结果来分析，人均收入超过5万元的经济收入优势无论是在浙江省内的农村地区还是城镇地区都可以说是名列前茅。经济的发展给当地村民带来了财富，越来越多的村民通过房屋扩建、增加床位来进一步提高农家乐旅游的经济收入，或者通过“联众模式”来获得额外的经济收入。20世纪90年代以来，白家村农家乐旅游发展可谓生机勃勃、一片繁荣，当地居民收入增长始终保持在高位。

从笔者实地调查的现场感受来看，白家村被崇山峻岭所包围，周边森林茂密，自然景观宜人，生态环境优良，整个村庄位于山腰处，沿着太湖源头的支流分布。但是，与整体自然景观所不太相符的是当地的房屋建筑，不像一般的农村住房矮小、低调，白家村内耸立着的近百幢“高楼”，低则四五层，高则七八层，宽度也达到了四五间。这类农家乐住宿和乡村度假区的房屋不仅与周边的生态景观十分不相符，而且还存在着更多的生活污染方面的问题。

二、经济繁荣背后的污染隐忧

随着白家村乡村旅游与农家乐产业的迅速发展，也带来了一些生活污染方面的负面影响。如白家村在第一次经济腾飞时为了短期的经济效益而大肆砍伐森林、不顾当地生态环境，最终导致村庄周边的生态状况急剧恶化，各类地质灾害频发，威胁到自身的生命财产安全。随着乡村旅游和农家乐产业发展带来的经济效益快速增长，当地村民都把扩建房屋、扩大农家乐的经营规模作为主要目标，而把外来游客流入带来的大量生活垃圾、生活污水问题给“屏蔽”了。对村民个体而言，环境污染具有公共性，不会对个体造成直接的影响，个体也缺乏动力来自主地开展环境治理，而是在等待政府采取措施来进行干预。

根据实地调查，白家村因乡村旅游和农家乐产业发展导致的生活污染可分为两个阶段。第一个阶段，“缺乏干预的环境污染时期”。20 世纪 90 年代以来，当地开始发展乡村旅游以来，村民基本上是借助原有的农家住房来开展农家乐经营。从 20 世纪 80 年代南方的农村房屋建设情况来看，大部分房屋依然是依照传统农耕时期的生产生活习惯来建设的，所以，农村住房基本不配备抽水马桶和淋浴设施，农民依然是利用老式马桶来积攒人粪尿等农家肥作为农业生产的肥料。但为了迎合城市游客对于住宿条件的需求，白家村的如厕设施和洗浴设备在 20 世纪 90 年代后期逐渐发生变化，开始引入城市居民所使用的抽水马桶与淋浴设施。不过，白家村的农家乐发展只是引入了前端的抽水马桶和淋浴用具等生活设施，却没有建立起完善的后端管道和污水处理设施，大部分人粪尿直接排入外环境，小部分则被农民作为农家肥来使用。与此同时，农家乐经营过程中产生的大量厨房废水直接进入外环境，生活垃圾在旅游旺季也大量增加难以得到有效处理。根据当地村民的回忆，当时因为农家乐旅游产业发展导致的水环境污染状况有直观上的感受。

“经过十几年的发展之后，老百姓的经济收入水平是有了明显的提高，农家乐旅游产业的的确确给我们村带来了经济上的飞速发展。但是，那个时候我们还没有什么环保意识，对于农家乐经营户也没有制定环保方面的规定和采取有效的措施。所以，一到旅游旺季，外来游客数量多了以后，农家乐向外排放的污水就大量增加，可以看到溪里面流的水都是白花花、油腻腻的，卫生间里排出来的废水也都直接进入溪里面了，我们自己想想就恶心。厨房垃圾、（固体）生活垃圾等在旺季的时候也难以得到有效处理，有时候堆在垃圾房（桶）边上好几天，夏天的时候就容易腐烂发臭，引来苍蝇、蚊子。由于环境这块做得不好，我们自己也慢慢感觉到这样下去不行。我们做乡村旅游，靠的就是这良好的生态环境，青山绿水、空气清新、避暑胜地，生态环境一旦遭到破坏肯定会影响到游客对我们这边旅游的评价，势必会减少自己的经济收入。”（20180316YGB访谈录）

正是白家村人自身也逐渐意识到生活污染的加重会影响到农家乐产业的持续发展，当地的农家乐旅游产业发展进入“有干预的环境污染阶段”。21世纪初，在当地村委的组织下，新建农家乐房屋都需要建设三格式化粪池来处理卫生间排出来的生活废水、建设油污沉淀池来缓解厨房污水带来的影响。根据实地调查，对三格式化粪池和油污分离池所发挥的作用进行了深入了解。所谓的三格式化粪池是当地村民在房屋附近挖一个深坑，深度2～3米，长度和宽度则根据每家农家乐经营的床位数量来确定，用水泥和砖砌成一个三格式的水池，第一、第二格底端封闭，第一格有进水口，第三格底端有出水口。根据沉淀的原理，把人粪尿和洗浴废水进行沉淀，通过第一格和第二格沉淀作用，各种固体杂质可以沉淀下来，从出水口出来的废水相比于直接外排要清澈一些。经过一段时间的处理，通过人力可以把沉积下来的固体废物掏出来，进行集中处理。厨房的油污分离池基本上也是按照上述原理来进行操作，进行液体和固体的分离，以减少外排的环境污染。

从技术的角度来分析，经过这种简单沉淀的处理方式难以有效降低生活污水中的COD、氨氮、总磷等指标，生活污水的超标排放问题依然很严重，当地的生活状况并没有实质性的好转。此处，引用了笔者2013年（尚未进行截污纳管）在白家村调查时一位普通村民对周边环境的评价。

“我在这边已经有30多年时间了。我们这边的环境以前是很好的，现在的环境状况可以说是一年不如一年。我们这里农家乐搞得太多，游客也多了，环境是差了。你看，游客多了，吃喝拉撒都在这里，垃圾自然也就多了，各种废水也多了。垃圾还好处理，但这些废水影响就大了。哎，怎么说啊，我们这边的生活总的还可以，生活水平是上去了，环境却变差了。以前水多清！现在不好了，石头底下很脏的，河边上长满了青苔。”（20130503WAS 访谈录）

与此同时，根据笔者 2014 年初在白家村周边区域水质检测的结果，也能反映当时的一些环境状况（表 4-1）。

表 4-1　白家村周边区域水质检测数据情况

单位：毫克/升

项　　目		2014 年 1 月 10 日	2014 年 3 月 10 日	2014 年 5 月 12 日	2014 年 6 月 10 日
南苕溪源头	氨氮	0*	0*	0*	0*
	总磷	0.005	0.024	0.016	0.01
	COD	0	0*	9.03	0*
白家村上端	氨氮	0*	1.288	0.068	0*
	总磷	0.027	0*	0.016	0.013
	COD	12.04	22.57	12.04	0*
白家村中端	氨氮	0*	0*	0*	0*
	总磷	0.009	0.056	0.008	0.016
	COD	0	1.505	91.8	129.4
白家村下端	氨氮	0.045	0.251	0*	0*
	总磷	0.002	0*	0.006	0.003
	COD	3.01	13.54	54.18	108.3
横畈水库入口	氨氮	0*	0*	0*	0*
	总磷	0.008	0*	0.006	0.002
	COD	0*	21.07	7.525	—

数据来源：实地调查。该款水质检测仪是第八代 5B-6C 型（V8.0）四参数水质分析仪。

根据《地表水环境质量标准 GB 3838—2002》的标准，村庄周边农户居住集中地区的水质COD指标甚至大于40毫克/升，成为劣Ⅴ类水质。在此需要说明的是，由于受到白家村周边水流具有流动性、农家乐经营的季节性与时间性、水样采集的科学性等方面限制，不易过多地依赖水质检测的方法，只是作为跨学科研究的一种尝试。

可见，在农村生活污染不断加重的背景下，村庄自身采取的一些环境应对措施并不能发挥作用。从历史上来看，20世纪80年代之前，中国的大部分农村依然处在传统农耕社会的生产生活方式阶段。白家村早期也是一个传统的农业型村庄，日常生活中产生的各种人粪尿等生活污水可以作为农家肥返还到田地中，厨房废弃物则作为家禽家畜的饲料被消化，剩余的一些枯枝烂叶、尘土、灶灰等则被纳入灰堆作为重要的沤肥原料。所以，在早期农村，通过村内和农户自身的生产生活之间的有效衔接和封闭循环，生活方面几乎不产生多余的废弃物，更不可能出现生活污染方面的问题。从历史上来看，农村社会并不存在严格意义上的环境问题，传统时期农村生产生活在有限的物质条件下遵循着物尽其用的原则，日常生产生活产生的废弃物都得到有效利用，农村社会形成了一个“有垃圾无废物”的循环系统[①]。但是，随着市场经济进入农村社会之后，传统农耕社会的生产生活衔接机制和物质循环体系被“打断”，环境污染等负面影响逐渐呈现出来。以白家村为例，随着乡村旅游和农家乐产业的快速发展，带来了大量的外来游客，一个只能够容纳几百人至多上千人的传统山区村落面对一年几十万人次带来的生活废弃物，传统农耕社会的生产生活应对机制完全失效。所以，面对现代化过程带来的环境污染问题，村庄在自身难以应对之时，需要借助地方政府的外部力量投入大量的公共产品和现代环境处理技术来缓解生活污染所造成的负面影响。正是在这一层面，“环境治理”这一应对做法才

① 蒋培，2019. 农村环境内发性治理的社会机制研究［J］. 南京农业大学学报（社会科学版）(4)：49-57.

被纳入农村社会。

与白家村生活环境同时发生改变还有地方社会的变化。一是农民的个体化程度加深。乌尔里希·贝克指出，经过二次抽离和再嵌合的第二现代性社会，既是一个风险社会（狭义），也是一个全球化社会，更是一个个体化社会。个体化早已有之，但个体化社会的出现则是高度现代性的后果。随着白家村农家乐经营的不断扩大，农民自身的经济收入有了较大程度的提高，个体经济理性思维不断加重并成为日常生产生活的主要行动依据。正是农民个体思维从传统农村社会时期的“生存理性”转变到当前的“经济理性”，追求经济利益的行为表现越来越明显，个体化趋势不断加重。在实地调查中，可以发现当地农户为了招揽生意，相互之间争抢客源的现象比较普遍，甚至不惜为了经济利益而与其他农家乐经营户产生矛盾。二是村庄社会关系的弱化，集体行动能力降低。传统农耕社会时期由于生产生活资料的缺乏，村庄内部村民之间形成了良好的互助关系，但是随着理性文化的不断侵蚀，村庄内部的社会关系受到个体经济理性思维的左右不断弱化。这从当前村民之间的日常交际过程中可以分辨出来，越来越多的社会关系是基于经济利益的需要而维持下来，甚至部分血缘、亲缘关系也因为经济利益矛盾而断绝。三是村庄整体的规范约束力下降。陈阿江在太湖流域考察的时候发现，农村社会中传统的规范失去了原有的控制力，而新的社会规范和新的生态伦理或者没有产生或者没有发挥应有的效力，水域污染这类社会失范现象的产生就不可避免[①]。对于农村生活污染治理同样也适用于这类解释，正是因为传统农村社会的各类规范难以发挥出相应的作用，导致村庄在应对生活污染时难以利用各类规范形成集体行动来应对环境问题。

① 陈阿江，2000. 水域污染的社会学解释：东村个案研究［J］. 南京师大学报（社会科学版）(1)：62-69.

第二节　地方政府主导下的治污项目及其机制安排

浙江省作为东部经济发达省份之一，在经济发展的同时也比其他地区更早地遇到了发展过程中出现的问题，也意识到了在经济发展的同时需要处理好环境污染带来的不利后果。早在2003年，浙江省就出台了全省农村地区的“千村示范、万村整治”工程，开启了改善农村生态环境、提高农民生活质量为核心的村庄整治建设大行动。2013年，浙江省委十三届四次全会做出“五水共治”的战略部署，将治水作为推动浙江省经济转型升级的突破口，作为优环境惠民生的重要举措。“五水共治、治污先行”是此次战略部署的首要目标，农村生活污水的处理也被纳入其中。

白家村农家乐生活污水处理正是在省内美丽乡村建设和“五水共治”战略的影响下开始被地方政府重视。地方政府从资金、技术、制度等方面入手来对部分农村进行生活污水处理设施的建设与管理，试图通过外部力量的介入来改变村庄生活污染的现状。从白家村的角度来分析，地方政府的环境治理介入也符合村庄自身发展的诉求，随着生活污染的不断加重村庄自身却难以有效应对，势必会影响当地乡村旅游和农家乐产业的进一步发展。

一、生活污水治理项目的上马

对白家村生活污水的治理，地方政府首先通过“项目制”推进全村污水处理设施的建设。最早在2009年以前，由于当地农家乐生活污水没有得到很好的处理，周边水污染情况比较严重，尤其是到了夏季农家乐经营旺季，生活污水外排现象比较明显。从2014年开始，白家村在政府财政支持下开始治理农家乐的生活污水，但是由于村庄自身的集体经济收入有限，生活污水治理主要依赖政府出台的各类项目来开展。整个生活污水处理分为两个阶段：第一阶段，主要是探索农家乐生活污水治理的有效方式。这一阶段主要是通过地方政府下拨的各类项目，在村内的主干道两侧的农家乐进行截污纳管，估计可以完成30%左右的农家乐生活污水处理，总体投入800多万元；第二阶段，随着前期农家乐生活污水处理达到一定效果之后，把全村的农家乐经营户都进行截污纳管，总投入约2 100多万元，并由地方政府聘用第三方运维公司来进行日常污水处理设施的运行与维护工作。从生活污水治理工程的建设情况来看，按照村干部的访谈，全村100%的农家乐经营户进行了截污纳管，90%非农家乐经营户进行了截污纳管。

从白家村生活污水处理项目情况来看，主要分为两个部分。一是以政府财政支持为主的纳管、集中污水处理设施建设部分以及日常污水处理设施运维部分。这一部分主要是通过地方政府下达的各类项目来开展，为白家村生活污水处理设施建设提供了有力的财政支持。二是农户自身出资部分，包括“三格式化粪池”和油污沉淀池（农家乐经营户需要建设），可以得到政府的部分补贴。整体生活污水处理设施建设是按照白家村新农村建设的项目内容来开展，经过5年多时间的投入与建设，当地农家乐经营户产生的生活污水改变了原有直排外环境的处理方法，大部分生活污水都必须经过污水处理池的处理才能允许外排。白家村的生活污水处理基本是按照政府的项目制推行方式来开展，以“自上而下”的方式来落实环境治理项目，村庄则在很大程度上配合地方政府环境治理的安排与接受地方政府的检查与管理。

经过两年多的探索与建设，白家村生活污水治理项目在当地政府的全方面支持下顺利完工，并发挥出相应的环境效益。按照当地村干部的说法，“自2014年污水工程建设以后，农家乐的生活污水得到了有效治理，原先人粪尿、厨房废水直排乱排的状况得到了彻底改变。通过全村7座污水处理池的不间断处理，采用微动力、有动力污水处理技术来处理生活污水，后续再利用人工湿地的吸收进一步降低污染物，最后实现达标排放。由于我们村是一个农家乐数量比较多的村庄，农村生活污水产生量远大于普通村庄，所以当初我们建设污水处理工程时也是被作为一个试点来进行开展的，并取

得了成功。后来政府也是按照我们村的污水治理模式在全县推广。”(20180316YGB 访谈录)

这一点通过当地环保部门工作人员的访谈也可以得到印证。

“现在，全区的农村生活污水处理与生活垃圾处理都在执行与实施。新建的房屋都是有‘三格式化粪池’的，现在还在推广联户处理的微动力污水处理池、微动力十人工湿地处理方式的模式。这类设施可以集中区块内的居民（例如50户）都纳入进来，集中建设一个污水处理设施。现在，我们还在推广使用微动力十人工湿地的模式。微动力污水处理池包括曝气等过程，COD 可以处理到 100 以内，氮可以降到 18 毫克/升（标准为 15 毫克/升），磷现在还不做控制。从乡镇一级情况来看，现在的污水处理厂已经覆盖了全部的乡镇，一些乡镇周边的村庄生活污水管网都纳入乡镇污水管网系统。一些农家乐旅游比较集中和人口密集的大型村庄都已建立起村内集中处理的污水处理池。从污水处理效率情况来看，去年对乡镇污水处理厂的统计大约可以达到 80%～85%。”(20180318WKZ 访谈录)

二、生活污水治理机制的出台

环境制度是地方政府开展农村生活污染治理的重要手段。在应对农村生活污水造成的环境污染方面，白家村所在的地区出台了一系列生活垃圾、生活污水治理的标准与管理要求，例如《关于开展村庄生活污水处理意向调查的通知》《农村生活污水治理工程项目验收办法》《新农村建设的实施意见》《农村生活污水治理设施运行维护管理工作考核办法》《关于农村生活污水治理工作验收中发现的问题及整改意见》《关于农村生活污水治理项目市级核查有关事项的通知》等管理制度。这些制度对农村生活垃圾、生活污水处理的设施建设、日常管理与考核要求方面做出了一些规定，试图通过地方政府“自上而下”的管理机制来治理农村生活污染，减少环境问题带来的负面影响。

通过对当地政府出台的《农村生活污水治理设施运行维护管理

工作考核办法》中对下属镇村、运行维护管理单位考核内容的了解，可以掌握在地方政府主导下的农村生活污水治理管理制度的具体情况（表4-2）。

表4-2　农村生活污水治理设施运行维护管理工作考核评分表

序号	类别	分值	内容	分值
1	制度建设	20	镇（街道）制定运行维护管理办法	1
			镇（街道）制定和完善农村生活污水治理设施运行维护管理考核办法	2
			建立管理构架，制定日常管理制度；明确分管领导、部门、专管员、各行政村具体负责人；设立投诉电话并有专人负责受理、记录	3
			村级组织把污水设施运行维护管理纳入村规民约	1
			镇（街道）建立基础信息库并做好维护管理工作	6
			镇（街道）要配合区主管部门开展智能化监管平台终端监控设备的安装及日常维护管理工作	4
			及时向上级部门报送相关工作信息及材料	3
2	保障措施	25	镇（街道）成立领导小组或建立部门协调机制。及时召开协调会议，解决工作中出现的问题	5
			镇（街道）对行政村、运维单位的运维工作组织考核	5
			镇（街道）组织运维管理、技术人员培训，组织人员参加相关培训；支持企业开展技术研究推广，帮助企业解决运维相关问题等	4
			建立“政府扶持、群众自筹、社会参与”的资金筹措机制，运行维护资金按合同规定及时拨付	6
			镇（街道）要建立监督巡查机制	5

（续）

序号	类别	分值	内容	分值
3	工作实效	50	管网系统运行维护	10
			终端运行维护	10
			进水水质、出水水质、水量	30
4	社会评价	5	群众满意度	5
5	日常工作扣分项（督查工作整改到位情况）	5	督查问题现场整改情况	2
			季度督查问题资料台账整改情况检查	3
6	加分内容	5	管理体制机制有创新、工作成效突出	5

除了区（县）一级政府出台了生活污水治理的管理制度之外，环保部门和下级政府也按照上级政府要求出台了具体的污水治理机制。根据当地环保部门工作人员的访谈，为了有效治理农家乐经营产生的生活污水问题，环保部门制定了具体的生活污水处理标准与农家乐旅游的环境卫生要求。例如，出台《农家乐管理暂行办法》，对农家乐旅游产业的服务设施和安全设施以及就餐环境、垃圾处理、污水和油烟排放应当符合卫生、环保、安全等方面的规定和要求。

“现在对农家乐生活污水的管理可以说越来越严。一般普通村庄相对来说环境污染的风险会小一些，而农家乐由于人口比较集中，生活污水产生量大，对外界环境影响大。所以，在农家乐审批建设过程中，就会要求经营户按照规定建设相应的污水处理设施。我们这边对于新建房屋都会要求建设三格式化粪池，可以是水泥砌成也可以是玻璃缸的，政府会给予补贴。我们则做好后续的纳管与污水处理池建设工作，实现化粪池-纳管-微动力污水处理池（20～30户），小的村庄可以做无动力的污水处理池（但水流波动比较大就不行了，无动力污水池主要靠时间沉淀来发挥作用），大的农家乐就要上污水处理设施。例如，上次，在天目山那边，一个农家乐（可以看作是宾馆了）要扩大面积，我们要求其上微动力污水处理设施，因为其原来的三格式化粪池建设的时候规模较小，现在扩大面积之后已不够使用。像以前农村的那种封闭式的往下渗透的污水处理模式，长期来说对地下水影响很大。”（20130422HBJW 访谈录）

按照地方政府出台的各类农家乐旅游产业经营的环境政策与制度要求，镇一级政府在农村生活污染治理方面也加紧制定《农家乐经营管理制度》。该制度中对农家乐环境卫生制度做出了专门的说明，具体包括：①农家乐应保持室内、房前屋后的清洁整齐，实行垃圾分类袋装化（可腐烂与不可腐烂分开放置），垃圾定时出户（晚 8 时至早 8 时），家禽家畜圈养，无杂物随意堆放。②农家乐需按要求建设污水处理设施，统一纳管达标排放。③农家乐餐具及床上用品必须外运清洗，以免造成饮用水源洗涤剂污染。④床上用品、衣物晾晒必须规定在不影响美观的区域、晾晒整齐有序，等等。白家村的农家乐经营管理制度对生活垃圾、生活污水等方面做出了明确的规定，加强了当地政府对旅游型村庄的生活污染监管。

总之，地方政府为了治理农村生活污水，对白家村等农家乐经营型村庄设立了生活污水治理的管理制度。按照当地农家乐的管理要求，以环保、旅游、农办等部门为主的管理主体，对农家乐经营户的日常生活垃圾处理、生活污水处理、食品安全、服务态度等方面进行检查与管理。按照检查的结果，对农家乐经营户进行等级评定，以此作为今后相关政策优惠享受的重要依据。对环境保护、食品安全、服务质量等方面做得不到位的农家乐进行整改，并进行相应的行政处罚。以生活污水处理为例，如农家乐经营户没有建设相应的化粪池或油污隔离池，环保部门可以责令农家乐经营户停业整顿，并按照相应的环保要求建设污水处理设施，直至达到地方政府制定的环保标准才允许开展经营活动。

三、治理机制建设面临的问题

虽然在地方政府支持下的生活污水治理措施在白家村落地并发挥了作用，但根据实地调查可以发现项目实施与机制建设过程中也面临着一些新的问题。

（一）机制建设与农村社会实际情况不符

第一，对生活污水治理项目的考核标准存在“一刀切”现象，不能准确区分不同村庄以及村庄内部的不同情况。在白家村的实际调查过程中，笔者发现，部分村干部虽然对地方政府针对当地农家乐经营户开展的生活污水治理表示欢迎，但也有着一些抱怨。从上级政府对村一级的考核情况来看，地方政府对一个村庄的生活污水治理主要是从各类污水处理池建设、污水管道纳管、农户污水接入率以及日常污水处理设施运行情况来考核。但是，从白家村的实际情况来看，除了大量的农家乐经营户之外，还存在一部分非农家乐经营户，尤其是分布在一些海拔高、距离远的山顶农户据点，只有三五户农户，按照环境治理机制考核要求也必须进行统一纳管与污水集中处理，否则全村的生活污水治理项目就难以顺利通过考核，甚至得不到政府的资金支持。

“说实话，政府的有些制度实在是比较僵化，按照统一的考核标准来要求所有的农户，每一户农户都必须把家中的化粪池接入污水管网并通过污水处理池来处理。但是，有些农户认为，自己家不从事农家乐经营，平时只有一两个老人产生的生活废弃物可以自行消纳，种植一些蔬菜、养护山林地都需要一些农家肥。所以，有些项目的实施显得有些劳民伤财。从村一级的情况来看，我们也比较为难，一方面，我们也不想浪费这些人力、物力、财力，换来的却是老百姓的不理解；另一方面，上级政府考核的指标规定就是比较僵化，达不到相应的比例与数量，这个项目就是通不过，拿不到相应的经费。”（20180316CZR访谈录）

第二，项目实施成本过高，缺乏推广价值，难以与农村集体经济状况相吻合。白家村作为当地生活污水治理的试点村庄，在实际污水治理项目上马过程中也遭遇了不少阻碍。这其中，建设资金缺乏是当地村干部面临的最大问题。在最初阶段，由于地方政府没有提供足够的资金支持，导致项目一度中止，只是完成了进村公路两边的农家乐经营户的纳管施工，其他农户的管网和污水处理池没有同步建设。直到两年之后，地方政府提供了进一步的经费支持之后，白家村的生活污水治理项目才全部完成。项目的前期投入费用高达 2 000 多万元，还要加上项目日常运行和维护的一些费用，可以说污水治理项目是一项高成本的投入。从浙江省的情况来看，虽然农户的经济条件在改革开放之后有了快速的提高，但是从村集体经济发展情况却不乐观，绝大多数的村庄没有集体经济来源。这就使得村庄进行公共设施建设和公共品投放过程中完全要依赖地方政府的财政支持，缺乏主动性。但生活污水治理项目是一个投资大、回报低的公共事务，地方政府也不可能全部通过财政拨款来落实相关项目，而大部分村庄也难以配套相应的资金来完成此类工程。所以，地方政府在应对农村生活污染治理的问题时，相应的制度建设仍显得比较单一，难以顾及农村社会的实际情况。其实这一点当地环保部门工作人员也意识到了。

“从统计情况来看，有些乡镇就算把全乡镇的污水都纳入进来也难以达到 75%的运行负荷率，这就有点恶性循环了，如果污水设施运行的话，成本过高，污水处理效果也不好（达不到运行量的要求，污水处理效果低；污水量大，处理过程稳定，效果较好）；如果不运行的话，这项工程就成了形象工程。在纳管方面来看，现在的纳管费用远远高于当初的主体工程，资金这一块也是需要很大的投入。对高宏镇工业园区这一类型的乡镇来说，由于居民居住比较集中，它的一期生活污水处理量为 1 000 吨，处理效果还是蛮好的。”（20180318WKZ 访谈录）

（二）机制建设与环境治理的目标有差距

根据白家村生活污水治理项目的实施情况及其考核制度的分析，发现地方政府主导下的管理制度更偏重技术指标、设施建设、运行情况，而对环境治理的实际效果尤其是公众的感受与评价关注比较少。以当地的《农村生活污水治理设施运行维护管理工作考核办法》的考核评分内容来看，管理体系占据 20 分，保障措施占据 20 分，工作实效占据 55 分，这三项之和占到 95%。具体来看，在工作实效考核内容中，主要是管网维护、终端维护、日常处理能力等方面的考查，具体到水质合格这一部分只有1.5%的分值比例，这与生活污水治理的实际效果之间的匹配度有着较大差距。此外，从公众的实际感受与评价部分所占据的分值过低，只有5分。这部分分值来源于“进行满意度测评，每个镇（街道）发放10份问卷，计算满意率。出现下列等情况要扣分：①有效信访一次扣1分（由信访局出具说明）。②区级主管部门及以上通报批评每次扣1分。③区级及以上新闻媒体负面报道扣1分。扣完为止。”只是通过少量问卷的问答来体现公众对生活污水治理效果的满意度是比较牵强的，且难以有效地体现出公众对生活污水治理的具体意见与建议。

地方政府的环境管理考核机制与农村环境污染治理目标之间并不匹配。正如斯科特所说的，19世纪，科学林业的原理被严格或变通地应用到德国的许多大面积森林。森林成为“单一商品的生产机器”，这种高度的简单化使德国林业科学成为紧密的技术和商业准则，这种技术和准则可以被编纂和教授[①]。正是为了符合国家财政简单化的计算，森林多种多样用途被单一木材和燃料所代表的抽象树取代，森林所具有的生态、审美、生物等方面的价值都被忽视。在地方政府的农村生活污染治理过程中，环境治理的成效都被治污设备的数量、应用率、运行率、日常进出污水量等指标所取代。而生活污染多大程度上得到了治理或者说技术治理手段的成功与否，不仅需要一些数据指标来说明，更需要了解居住在当地环境下的村民来进行评价与反映。同时，地方政府在应对上级政府考核过程中容易出现篡改数据来应对考核的情况，在“压力型体制”下的政治激励模式导致地方官员逃避政府所在地方环境治理中的必要责任，将操纵统计数据作为地方治理的一个捷径，从而引发政府在环境治理上的公信力流失[②]。

---

① 詹姆斯·C. 斯科特，2004. 国家的视角：那些试图改善人类状况的项目是如何失败的［M］. 王晓毅，译. 北京：社会科学文献出版社，16.

② 冉冉，2013. 压力型体制下的政治激励与地方环境治理［J］. 经济社会体制比较（3），111-118.

第三节　政府主导型环境治理机制的运行逻辑分析

从白家村2014年在地方政府的支持下开始建设生活污水治理项目并按照政府出台的污水治理机制来进行管理，当地生态旅游与农家乐旅游产业经营产生的生活污染得到了有效的控制，这可以说是地方政府的功劳。那么，为什么地方政府能够在短时间内有效地控制住当地的生活污染，而村庄自身在生活污染治理方面为何难以有所成效？地方政府在开展农村生活污水治理项目时又是依据什么样的标准来制定相应的管理制度的？为了更好地理解这一系列问题，有必要深入分析地方政府在开展农村生活污水治理项目与制定管理制度的行动逻辑及所处的场域，在此基础上来掌握政府主导型环境治理的优与劣。

一、集中力量办大事

环境管理作为政府的重要职能之一，政府主导型环境治理机制必然具有某种合理性。由于经济活动本身具有外部性，且环境资源的公共物品属性，需要依靠政府的“有形之手”来进行干预。对于一些突发的、严重的环境问题，政府可以动用全部社会资源来快速、有效地进行处置，在短时间内实现“集中力量办大事”的目标。

（一）环境治理机制的强制性

政府主导型环境治理机制具有强制性。在环境治理过程中，政府运用国家权力，采用强制性机制保证公众的环境利益。这类强制性制度的出台则通过一些有效的实施途径来得以实现。从实现方式上来看，政府可以采用多种手段对利用环境的活动进行干预。例如，禁令，明令禁止某些可能会破坏生态环境的生产经营活动或资源利用活动；非市场转让性的许可证制，规定只有许可证持有者才可以开发利用生态资源，且这种许可证不能在市场上交易；强行淘汰落后的工艺和技术，或强行要求采用新的技术与设备等[1]。具体来说，政府主导型环境治理机制主要包括行政、经济与法律三方面的措施。

权力关系的不对等造就了环境治理机制具有强制性特点。从村民与地方政府的权力关系来看，村民不可能与地方政府的行政权力直接抗衡，且政府还拥有法律、经济、技术方面的优势。村民在环境治理过程中能否有效地表达自身的意见与建议，需要取决于政府设定的环境治理机制是否提供了相应的表达途径与平台。在白家村生活污水治理过程中，村庄组织在应对村内生活污染时由于缺乏资金、技术等方面的支持，难以有效地开展环境治理，而以地方政府为主导的环境治理机制的落实，则是按照政府的行政命令来推行并带有强制性。在开展生活污染治理过程中，地方政府主导型治理机制与村民之间没有形成直接的联系，造成了一种“悬置”状态。

（二）环境治理机制的规模效应

政府主导型环境治理机制在实施过程中具有相应的规模优势。政府可以利用合法的强制手段，来动员一切社会资源去维护与保障整个社会的环境利益，通过各级政府、各部门、各组织之间的有效社会协作，形成相应的规模效益来实现环境治理的目标。以生活污水治理为例，地方政府通过行政、经济与法律等手段来推行相应的治理机制，并取得了政府认可的环境治理效益。在这个过程中，地方政府就可以形成一整套成熟的环境治理机制，在其管辖的范围内全面推广相应的环境治理机制，形成相应的规模效益。

地方政府以一种固定的生活污染治理机制来进行推广。按照白家村生活污水治理的制度设计与管理机制来进行区域范围内的生活污水治理模式的推广，提高环境治理机制的覆盖面与推广价值。按照当地环保部门工作人员的说法，“现在，全市的农村生活污水处理与生活垃圾处理都在执行与实施。新建的房屋都是有三格式化粪

---

[1] 樊根耀，2003. 生态环境治理机制研究［M］. 杨凌：西北农林科技大学出版社，66.

池的，现在还在推广联户处理的微动力污水处理池、无动力+人工湿地处理方式的模式。”从理论上来分析，基于同一区域范围内同一类型村庄的同质性较大，地方政府以类似的生活污染治理机制来推动环境治理具有可行性，也有助于提高地方政府对农村生活环境的管理。同时，从地方政府考核方式来分析，基于同一地区同一类生活污染治理机制的村庄考核也显得更有一致性，便于政府利用更加清晰化、统一化的标准来对村庄的生活污染治理状况进行监督。但反过来说，如果地方政府在环境治理机制设计方面存在一些不足之处，通过此类推广方式则容易放大农村生活污染治理机制的弊端。

二、国家的视角

政府主导型环境治理机制具有类似国家视角的政府视角。通过政府的视角来管理各类环境问题，按照斯科特所说的就是在环境治理中简单化、清晰化和操纵（manipulation）是如何被运用的，了解地方政府如何简单化加上重复的观察对一些被选定的事实得出总体和概括的结论，从而形成高度简化的知识，并使操纵和控制这些事实成为可能①。

斯科特认为，那些国家发起的社会工程带来的灾难产生于4个因素的结合。第一个因素是对自然和社会的管理制度——能够重塑社会的国家的简单化；第二个因素是极端现代化意识形态，也可以说是一种强烈而固执的自信，对科学和技术的进步、生产能力的扩大、人们的需求不断得到满足，以及对自然（包括人类社会）的掌握有很强烈的信心；第三个因素是一个独裁主义的国家，它有愿望而且也有能力使用它所有的强制权力来使那些极端现代主义的设计成为现实；第四个因素是软弱的公民社会，这样的社会缺少抵制这

① 詹姆斯·C.斯科特，2004.国家的视角：那些试图改善人类状况的项目是如何失败的［M］.王晓毅，译.北京：社会科学文献出版社，3-4.

些计划的能力[①]。

依据斯科特对“国家的视角”之下的社会工程之所以失败的解释框架可以更好地理解白家村的“政府主导型”环境治理机制存在的问题。

第一，地方政府在开展农村生活污水治理过程中，按照政府管理简单化、清晰化的原则来设定白家村生活污水治理的标准与要求，具体来看就是按照相应的污水处理流程和城镇污水处理厂污染物排放标准来进行环境管理。也就是说，把本来相对复杂的生活污染问题进行指标化、流程化与数字化操作，便于地方政府通过相应的考核指标与要求来进行环境管理。

第二，地方政府依赖于环境治理技术来应对生活污染的信心也是比较强烈的。在当地环保部门访谈时，政府工作人员认为利用污水治理技术来克服农村生活污水造成的环境污染具有很强的自信，反复强调本地区污水处理厂和管网覆盖率的提高。

第三，地方政府在开展农村生活污水治理过程中始终离不开自身的权力机制。地方政府利用行政、法律与经济方面的强制权力在白家村推行生活污水的治理机制，一方面，对地方政府自身而言，它具有如上所说的规模效益和成本优势，便于后期进行复制和推广；另一方面，以强制权力为基础的“自上而下”的环境治理机制可能会忽视农村社会的一些实际状况，推行过程虽然没有遭遇较大的阻碍，却又有可能埋下更大的隐患。

第四，从村民或者村庄的角度来看，因为权力关系的不平等难以抗衡地方政府所执行的环境治理机制。地方政府在行政权力、财政支持以及治理技术方面都具有更大的优势，而从村民角度来看，因为环境治理的公共性和复杂性导致村民并没有太多的精力和时间来参与当地生活污水治理过程。所以，斯科特认为，以“国家的视角”或者“政府的视角”来开展一些社会工程，只要具备了这 4 个

① 詹姆斯·C. 斯科特，2004. 国家的视角：那些试图改善人类状况的项目是如何失败的［M］. 王晓毅，译. 北京：社会科学文献出版社，5-6.

因素往往会导致工程或项目的失败，而从白家村生活污水治理项目来看，环境治理机制似乎并没有失败反而还取得了治理效果。究其原因，在一个村庄的范围内开展类似项目，虽然也会出现一些不适应与问题，但地方政府可以通过其他的资源与制度来克服相应的问题，避免项目的失败。

虽然小范围的村庄环境治理项目没有失败，但由此引起的一些问题仍值得我们关注。例如，现代的环境治理机制与传统农村地方性知识的关系、环境治理的技术指标与当地村民的环境评价之间的差异、生活污水治理成本与村集体经济的衔接、技术强制性运用可能带来的后果，等等。

三、科层制的管理机制

政府主导型环境治理机制在管理机制方面同样具有自身的特点——科层制的管理机制。从地方政府在白家村生活污水治理的管理过程来看，基本按照“自上而下”的科层制管理机制运行，下级政府根据上级指令对农村生活污染采取行动措施，上级政府则按照预先设定的管理标准来对下级进行绩效考核。在科层制管理体系中，上下级政府之间的分工明确、单向管理、责任到人，形成一个相对独立且完整的行政管理体系。正如韦伯所言，“虽然在理论上科层组织只是非人格的部门，但实际上它却形成了政府中的独立群体，拥有本身的利益、价值和权力基础”[①]。科层制结构面对那些稳定、可预测的、相对均一的环境是较好的组织形式，在处理日常性的、重复发生的事件上，科层制组织是很有效率的组织。即使存在激烈的竞争，只要环境相对稳定，就能将人类的活动纳入常规体系，而且处于科层制顶端的管理者也总是能借助集权机制使组织适应环境的变化，从而使组织能够有效地维持和发展[②]。在地方政府的环境治理管理机制中，采用“自上而下”的行政机制来落实生活

① 杨冠琼，2000. 政府治理体系创新［M］. 北京：经济管理出版社.

② 郑杭生，2013. 社会学概论新修［M］. 北京：中国人民大学出版社，230.

污染治理的责任，从县（区）政府出台相应的环境治理机制，落实到各级主管部门、乡镇政府、村级组织等，利用下级对上级负责、上级对下级监督的管理机制来推行。

政府主导型环境治理机制因科层制管理机制脱嵌于农村社会。科层制管理机制与农村社会之间没有太多的联系，即使地方政府进行环境治理需要与村庄干部产生联系，但依然是以地方政府给村干部下派行政指令完成任务为主。农村社会结构则是以血缘、亲缘、地缘关系为主的社会有机体，在农村社会中人与人之间以“差序格局”关系机制来呈现。随着现代化与市场化的推进，虽然农村社会的熟人关系在不断弱化，“半熟人社会”与农村原子化状况越来越明显，但人情、面子、关系依然是主导农村社会，影响农村环境治理的重要社会基础。在科层制环境管理机制与以人情、面子、关系为主的农村社会结构之间必然存在着隔阂与差异，政府主导型环境治理机制也难以在农村社会落地生根，有可能造成农村生活污染的治理机制浮于表面，无法从农村社会和农民生产生活的实际需求出发来开展合理、有效的环境治理。从村民的角度来看地方政府的生活污染治理机制，纯粹是外力作用于村庄公共事物的表现，生活污染治理的结果与村民的生产生活有着直接联系，但是这个管理体系是完全脱离农村社会结构和社会关系的，具有相对封闭性与独立性，村民没法参与其中。从白家村很多村民的访谈中可以发现，当地村民只是最初按照要求把污水管接入管网，对生活污染治理的日常管理与要求、治理方法、治理效果并不是很清楚，地方政府对生活污水的治理并没有充分掌握当地村庄的现实状况与村民的各类意愿。

第五章　内发调整型环境治理的机制转变——里家村生活污水治理案例

政府主导型环境治理机制在应对农村生活污染方面既具有优势也存在一些问题。从白家村生活污水治理的案例分析中，可以了解到地方政府动用各种社会资源来开展农家乐生活污水治理工程与实行环境管理，缓解了当地农村生活污染进一步恶化的局面。但是，通过实地调查与深入分析，发现白家村生活污水治理机制也存在着一些不足与问题。从某种意义上来看，这些问题的出现是与政府主导型环境治理机制有着直接联系。

同样是浙西山区的一个村庄——里家村在面对地方政府上马的污水处理项目时并没有选择去被动地适应，而是从村庄自身的一些实际情况出发对政府主导型环境治理机制做出了调整与改变。通过里家村案例的分析，有助于进一步了解农村生活污染治理机制如何与农村社会的社会结构、社会关系以及地方文化有效地结合起来，实现生活污染治理的同时能够更好地满足农民的日常生产生活习惯。

在此，先对里家村的情况做一个简单的介绍。里家村位于杭州市西郊某县城，属于典型的山区村落，距离县城大约 3 小时的车程。全村现有 377 户，共 1 275 人。里家村是一个农业型村庄，除了部分人外出打工之外，剩余的农民以在村里种植蔬菜、苗木、中药材以及养鱼为主要的经济收入方式，还有部分农户从事农家乐经营产业。根据实际调查显示，里家村从 2000 年开始种植苗木，现已发展成为一项产业，全村种植南天竹苗 1 000 余亩，红叶石楠 50 余亩，桂花树等名贵树种 100 余亩，红豆杉 50 余亩。每亩苗木的经济收入每年达到 7 万～10 万元。就如所有的传统农耕社会一样，里家村在历史上也不曾遇到过严重的生活污染问题。农民日常生产生活过程中所产生的各类废弃物都可以很好地被利用起来，人粪尿一直被当作农家肥来使用，厨房废水、废物都是养猪的绝好食料，其他的一些剩菜烂叶也是养殖家禽家畜的重要饲料。但是，随着改革开放以后市场经济制度逐渐渗透入里家村，当地农民的生活方式也发生了较大的改变，外来新型工业制品逐渐进入当地农村，农民也开始使用抽水马桶和现代淋浴设施。由于生活垃圾和生活污水的后端处理设施没有及时跟上，里家村也一度遭受生活污染影响。按照当地人的说法，“那个时候生活垃圾处理不及时，乱堆乱倒的现象比较普遍，河边、路边随处可见塑料袋、玻璃瓶等生活垃圾，家禽家畜随地放养，粪便满地，甚至有些农户的人粪尿直排河道，造成河水受到污染。”正是在这样的背景下，里家村在21世纪初因上级政府实施环境治理机制的要求开始实行村庄生活污水治理工程。

第一节　政府主导型污水治理工程的“脱嵌”

政府主导型环境治理机制虽然能够在一定程度上缓解农村生活污染问题，但由于政府在开展项目设计与实施过程中并没有考虑到农村社会的实际情况，这导致里家村村民在污水治理项目运行之后难以找到足够的农家肥来开展正常的农业生产，影响了当地农民的经济收入，项目的可行性遭到当地农户的质疑。

一、美丽乡村建设下的污水治理工程

政府主导型污水治理工程的开展。2005年，中央提出在全国范围内按照“生产发展、生活富裕、乡风文明、村容整洁、管理民主”的要求，扎实推进社会主义新农村建设。为响应中央号召，浙江省按照社会主义新农村建设的具体要求并结合浙江省“千村示范、万村整治”工程，在全省范围内开展农村环境整治建设全面小康示范村行动。2010年，里家村在当地县（区）政府的新农村建

设项目的支持下开始推动农村环境治理，其中，主要的治理工程就是全村的污水管网与污水处理池的建设。整个生活污水处理工程完全是按照上级政府制定的设计方案来进行施工与操作，把每户农户的化粪池通过管道接入污水管网，并通过污水管道进入村庄内部的污水处理池进行集中处理。此项工程大约经过半年多时间的施工完成，工程建设花费了大量的人力、物力与财力，污水管网与污水处理池建设前后资金投入达到 2 000 多万元，还不包括后期需要相应的经费来维持日常设备的正常运转。

“最开始的时候，我们村里面也是按照市（县）里打造美丽乡村精品村的要求开展了村容村貌整治、生活污水治理和生活垃圾集中处理。在市政府、农办、环保部门等支持下建设全村的生活污水治理工程，通过接入农户化粪池、截污纳管、污水池建设等措施来降低生活污水对周边环境的影响。但是，我们村是一个山区村庄，地势起伏比较大，且农户居住房屋之间比较远，管网铺设的距离远、难度大、投入高，总的管网铺设距离超过 20 千米，加上村内 5 个污水处理池的建设，总的经费超过 1 500 万元，可以说是当时投入最大的一个工程项目。”（20180319PHP 访谈录）

与白家村作为当地有名的乡村旅游与农家乐经营村庄不同，里家村作为一个普通的农业型村庄在地方政府项目选择与实施过程中并不具有主动的选择权，也就是说里家村是否能够获得政府项目的支持完全取决于地方政府的选择。按照地方政府的财政预算，每年能够获得专项经费支持来建设美丽乡村的数量在 15～20 个，而能够在全市（县）所有的村庄内脱颖而出本身就不容易。所以，按照当地农业办公室工作人员的说法，里家村能够获得政府项目支持来建设污水处理项目是一次很好的机会。

“由于政府财政安排有限，不可能所有的农村在同一时间内都来打造美丽乡村，我们基本上是按照年度计划来实施。美丽乡村项目的设立一般是每年的 6 月正式立项，次年的 12 月底前考核验收，需要经过组织申报、推荐上报、调查摸底和审核讨论等程序来确定相应的村庄。可以说，只有通过村庄之间相互竞争才能获得政府项目支持，而能得到支持的村庄一般是比较有特色的或者具有发展潜力的农村。通过政府项目的打造，这些农村的村容村貌、道路建设、环境整治等方面会有较大的变化，当地村民是直接受益的，周边的环境都好起来了，生活幸福感也会不断提升。”(20180322CNH 访谈录)

所以，从村庄建设的角度来看，当地村干部、村民也认为能够争取到政府项目支持来建设村庄基础设施和开展环境治理对村庄的发展来说也是有益处的。里家村积极地参与了全市（区）的美丽乡村计划申报，并有幸获得了项目的立项。

“按照当时项目实施的验收要求，整个项目需要从领导考评、部门考评、社会评价和群众测评四个方面来进行考核，其中部门考评占到 60%以上。所以，当初开始实施我们村美丽乡村项目之时，基本上是按照考核要求来执行的，不然通不过考核，项目就得不到政府的经费支持，那就没法收场。我们是按照上级政府设计的施工要求来建设的，从村民的角度来看也是为了村庄的美丽整洁，给大家创造一个美好的生活环境，也没有人提出反对的意见。”(20180319PHP 访谈录)

面对政府项目的稀缺性以及创造更好的村庄环境的初衷，无论是村干部还是普通村民，在技术、资金与权力方面都没有优势，认为地方政府主导的美丽乡村计划和生活污染治理项目对本村的发展会带来好处。只是没想到污水治理项目运行不久后，村民开始发现一些问题。

二、农业可持续生产遭遇阻碍

地方政府主导环境治理机制所忽视的——经常也是它们禁止的——正是支撑复杂活动的实践技能[①]。当里家村的污水治理项目

① 詹姆斯·C. 斯科特，2004. 国家的视角：那些试图改善人类状况的项目是如何失败的［M］. 北京：社会科学文献出版社，397.

正式运行之后，当地村民发现污水处理设施虽然能够处理生活污水和厨余废水，但也导致原有的农业生产所需的农家肥失去了来源，人粪尿都通过封闭的管道进入污水处理池进行生化处理，形成了一个封闭性的处理系统。这使得当地农民没法获得足够的农家肥来种植苗木、蔬菜、中药材，对村内农业生产和农民经济收入造成了不小的影响。

按照当地农户的说法，这种污水处理方式导致农业生产受到阻碍。

“我们这边很多村民都是依靠种植蔬菜、苗木、中药材来赚钱的，地里面如果没有很好的收益，我们的经济收入可能会受到影响。我们把大部分的精力、积蓄都投入到苗木培育、蔬菜种植上，所以，大家对农业方面的收益报以很大的期望。但是，自从市政府搞了美丽乡村之后，我们村里的农户家里都被截污纳管，人粪尿、猪粪、家禽粪便都被集中处理，原来可以利用的农家肥失去了来源。这对我们来说损失很大，因为有些蔬菜、苗木的种植就需要农家肥，使用化肥达不到相应的效果。”（20180319WCM 访谈录）

从地方政府的角度来看，里家村污水治理工程实施之后遇到实际问题，也是出乎地方环境管理者的意料。

“按照美丽乡村项目的实施方案来说，在村庄内部开展生活污水治理工程本身就具有一整套处理程序与规范，从我们全市的情况来看，这种治理模式可以说是适用于绝大多数农村，也符合政府项目管理的要求。但是，实际上每个村庄都会有自身的一些特殊性，这就需要具体问题具体分析。里家村的污水治理项目实施之后，可以有效处理当地村民日常生活产生的各类生活污水，也达到了项目最初设计的初衷。但是，由于当地村民在农业生产方面的一些需求以及村庄产业发展的需要，对项目运行情况不满意，这是开展项目之前难以预料的。”（20180322CNH 访谈录）

可见，在地方政府并不完全掌握里家村的实际情况与村干部和村民没有对政府项目提出异议的条件下，村内的污水治理项目匆匆上马，前后花费了大量的人力、物力与财力，最后的结果却是污水治理项目难以满足当地村民的生产生活需要。这是一种典型的政府主导型环境治理机制的问题，即斯科特所说的“国家的视角”与米提斯或实际知识（know-how，savoir faire 或 arts de faire）[①]的差异。这样一个过程表现为地方政府用“占统治地位的”科学观点代替了科学知识与实际知识之间的协作。在地方政府与村民的关系中，以政府为代表的科学知识与村民为代表的实践知识由于政治、经济权力关系的不平等，政府掌握了话语权并有效地向村庄推行了生活污水治理项目。而从村庄层面来分析，环境治理是公共事物对村民个体不产生直接的利益关系，个体主动参与的积极性并不高。但是，随着污水治理项目的运行造成了村民个体的农业生产受到影响，个体经济利益直接受损，这对任何一个个体来说都是难以接受的，个体之间因为各自利益受损而联结起来形成一个暂时的团体，提出一些反对的声音。正是通过这个团体来给村干部和地方政府施加压力，寻求环境治理机制的改变。

第二节　村庄自发的治污方式转变与机制调整

为应对地方政府上马的生活污水处理项目和管理制度带来的问题，当地村庄组织只能依靠自身的力量来寻求转变。以村干部为首的地方精英利用自身的各项社会资源来尝试引进更有利于当地农民生产生活需求的生活污染治理方法。经过多次、反复的试验，引入一款高效能的沼气池发酵技术来处理日常生活污水和可腐烂垃圾，同时，也为农民种植蔬菜、苗木、中药材提供了充足的农家肥。

---

① 詹姆斯·C. 斯科特，2004. 国家的视角：那些试图改善人类状况的项目是如何失败的［M］. 北京：社会科学文献出版社，397.

一、治理方式转变的尝试

面对政府开展的污水治理项目难以满足村民的要求，里家村的村民和村干部萌发了转变污水治理方式的想法。

“污水项目运行半年多之后，陆续就有村民反映不好用，种蔬菜、种苗木的农户得不到农业生产需要的农家肥。我们几个村干部也一直在思考这个问题，一方面，上面市政府和村里花了这么多钱在这个项目上，如果完全不利用会造成资源的浪费，甚至可能被认为是形象工程；另一方面，按照村民的想法，回到原来的农业生产肥料利用方式来处理生活污水，这也不现实。当时只是想着要改变这种治理方法，但是具体怎么去做，大家也没有很好的主意。”（20180319WCM 访谈录）

面对这样一个难题，无论是村民还是村干部都一筹莫展，无计可施。直到有一段时间，村里面想搞清洁能源的推广，改变村民使用柴灶的习惯与减少大气环境污染，村干部出去了解相关情况的时候遇到了当地农业大学的一位环境工程教授。村干部由此了解到沼气池的相关技术和相关环保企业的信息，认为沼气池技术的应用符合当时里家村的实际情况。

“我们老村长在了解清洁能源的过程中遇到了一位农业大学教授，这位教授是从德国留学回来的，专门研究沼气发酵方面的技术，所以想着可以在我们村里先试验一下。上了年纪的人都知道，早在 20 世纪六七十年代集体化的时候我们这边也搞过沼气池，不过那个时候的技术不行，沼气池容易漏气，后来就不搞了。但是，这位教授用的是德国引进的技术，沼气发酵与产气方面都比较稳定，不会出现漏气的问题。经过考察之后，老村长认为这种沼气池比较符合我们村的实际情况。第一期搞了 10 个沼气池，村民开始使用以后总体反映比较好。”（20180319WCM 访谈录）

关于沼气池技术的更新换代和新沼气池技术的引入，这一点也得到了当地农村能源政府部门工作人员的印证。

“以前的沼气池容易结壳，出气少，甚至不出气，这主要是因为当时的物质匮乏，建设沼气池用的是黄土、石灰，整体的技术也不行，导致沼气池很多都是漏气的。但现在建设沼气池都是混凝土，密封性上不存在任何问题，而且好的技术也解决了夏季原料易结壳和冬季低温产气效率低的问题。”（20180324CSD 访谈录）

通过与环保公司的多次洽谈、实地考察与现场论证，里家村村委接受了当地环保公司的沼气池建设方案，并按照沼气池建设规划方案与环保公司来进行管道施工与沼气池建设。

“我们公司已经在临安多个乡村推广了沼气厌氧发酵项目，得到了农户的普遍认可和赞赏。特别是地处偏远的山村，山高气温低，其他的沼气池一到冬季便不能够产气。我们的专家根据农户反映的情况，针对实际问题进行了长期研究与分析，最终设计出沼气池自动防结壳和高保温高产气技术，解决了长期存在的两大难题。通过实践证明，该发明技术可靠实用，从而在当地得到了广泛推广。”（20180326BJC 访谈录）

在里家村村干部的带领、村民的参与和环保技术专家的支持下，全村开始搞沼气池的试验。在 2012 年，村里建设了第一批 10 个沼气池处理生活污水和生活垃圾，沼气池建设费用都由村里来负担。随着 2012 年里家村沼气池使用带来的良好效益，2013 年全村又新建了 30 个沼气池，每个沼气池花费大约 7 000 多元，村里给每个沼气池补贴 5 000～6 000 元，其余 1 500 多元则由村民自己承担。2014 年村里又新建 50～60 个沼气池，由于有了中央项目支持，村民自己用于沼气池建设的费用有所减少。至今，全村共有 150 个沼气池，大约有 250 多户农户使用①。有的是一户一个沼气池，有的则是两三户共用一个沼气池。沼气池的引入不仅实现了农村环境保护的目的，也满足了当地农业生产的需求，实现了经济发展与环境保护的协调统一。

① 资料来源于 2018 年 3 月实地调查。

二、“沼气革命”的到来

经过几年的尝试，里家村村干部带领村民寻找到了一条符合村庄实际情况的生活污染治理路径，不仅实现了农村生活污染的有效治理，而且还给当地村民提供了更为清洁的能源，节约了日常生活成本。按照一些当地媒体的报道，里家村经历了一场“沼气革命”。

“经过几年的建设之后，沼气池在村里的使用就比较稳定了。从施工队进来设计、施工大约一个月左右时间就可以进行填料，一周时间沼气池就可以出气。同时，我们村里面还专门组织7个人到浦江去培训，为村里面的沼气池进行日常维护。一般是3～4年时间需要维护一下，主要是进出管道的更换、灶具的更新，这些问题都不是很大的问题。只要是发酵池不要出现问题，那都没事，如果发酵池出现裂缝可能问题就比较大了，需要请外面专业的公司来进行处理或者更换。”（20180322PHP访谈录）

根据实地调查资料的总结，里家村沼气池的使用具有多方面的经济、生态与社会效益。第一，厨余垃圾、人粪尿、牲畜粪便等日常生活可腐烂垃圾都进入沼气池进行发酵处理，避免了生活污染的可能性。从沼气池的处理效果来看，有效地实现了垃圾的减量化。根据里家村村干部反映，随着厨余垃圾、人粪尿、牲畜粪便经过沼气池发酵处理，总量上减少了一半以上的生活垃圾，提高了垃圾处理率。第二，沼气池的引入是一种清洁能源的推广，通过发酵处理，沼气可以被当地村民作为生活燃料来使用，减少了其他能源的消耗。沼气作为燃料进入当地村民家中，可以满足日常家庭生活所需。笔者从实地访谈了解到，一个8～12立方米大小的沼气池产生的沼气可以满足普通三口之家日常生活所需的燃料，不需要额外的燃料来补充。第三，经过沼气池发酵后的沼液、沼渣可以被作为农家肥来使用，满足农民种植蔬菜、苗木与养殖鱼苗等农业生产的需求。全村共有苗木地1 000多亩，主要品种包括红叶石楠、红豆杉等。根据当地农民反映，沼液施肥的效果比化肥好，尤其是防病这一块取得了较好的防治成效。此外，农户种植蔬菜也需要使用沼液、沼渣。图 5-1 显示了里家村的生活污水处理系统。

可以说，沼气池发酵处理实现了经济效益、生态效益与社会效益的三者共赢。经过沼气池处理之后的污水量大大减少，最后进入污水处理池的生活污水也减量不少。从实地调查情况来看，使用沼气池的村民反映沼气池使用便捷且效益好，满足了农民农业生产的需求，也节约了日常生活的经济投入。

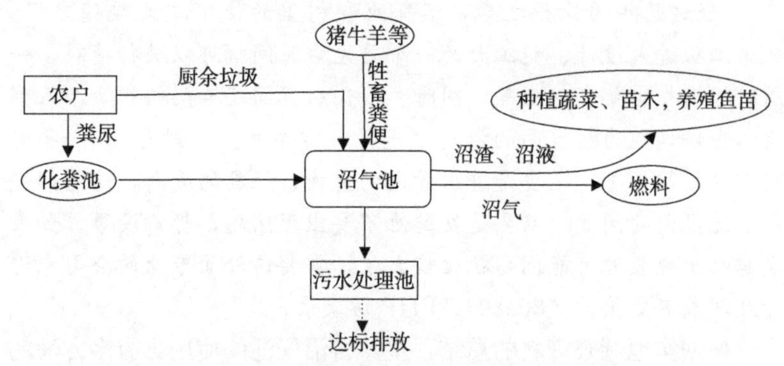

图 5-1　里家村生活污水处理系统示意

值得一提的是，里家村在尝试沼气池试验的同时并没有完全把原来地方政府上马的生活污水治理项目推倒重来，而是将两者的优势进行了有效的衔接。各种生活污水、牲畜粪便和可腐烂的生活垃圾在沼气池经过发酵处理之后产生的沼液，可以作为农业生产的农家肥，在用肥量少的时节沼液也可以进入污水处理池进行处理。同时，一部分洗涤废水因不符合沼气池发酵技术标准也进入污水处理池处理，经过生化处理之后再排放到外环境。

“通过引入高效能的沼气池，并实施了‘三改’工作（改厨房、改厕所、改猪圈），把厨房下水、卫生间下水和猪粪便全部用污水管道接进沼气池，原先的生产生活污水都被发酵成为沼气。同时，日常生活中各种可腐烂的菜叶、果皮等垃圾也被扔进沼气池作为沼气发酵的原料。原先村里的生活垃圾需要两三天来拉一次，现在可以五六天来拉一次。沼气池产生的沼气可以用来做燃料，每户厨房里都有一只气压表，如果气压低了，就往沼气池里多投放一些发酵原料；气压高了，就少烧水，多用一些燃料。按照一般农户的使用量来计算，每年每户可以节省七八罐煤气，节约成本近千元。原来有些农户还要上山砍柴，现在不仅省了力，还保护了山上的森林植被。发酵之后产生的沼液是很好的液体有机肥，不仅肥力足、零成本，还不会造成土地板结。相较于化肥，化肥浓度太高，不能撒在作物表面，需要在土地里挖一个一个的孔来施肥。发酵过后的沼液不会伤了作物，用起来省时又省力，种出来的蔬菜味道也会更好一些。从成本角度来看，原来每户农户一年需要购买 3～5 袋化肥，现在这笔费用可以节约下来，大约有六七百元。”（20180319RWB 访谈录）

沼气池发酵技术的引进不仅带来了生态环境与生产生活上的改变，同时还是当地村民自身参与村庄公共事物治理的一个过程，村民的主体性得到了体现。农民作为农村的主体，其主体性在村庄公共事物治理过程中理应得到体现。这样不仅能够发挥出农民自身在长期的生产生活中积累的地方性知识的优势，同时还能提高村庄生活污染治理的针对性、有效性与工作效率。王晓毅在对农村环境治理问题进行考察时提出，建立乡村的主体性意味着发展新型的城乡关系。在这个意义上说，乡村振兴需要乡村有更完善的基础设施和公共服务，需要有文化产品的生产，需要建立乡村的公共秩序，更重要的是形成乡村的生活方式[1]。而这种乡村的主体性就需要农民的广泛参与和发挥效用才能真正得以培育，农民自身积极参与生活污染治理，才能够准确地了解村庄的生活垃圾、生活污水等环境问题的现状，同时还可以结合自身的生产生活实践来设计和实践各类切实有效的环境治理方案。基于这样一种农民主体性表达的环境治理机制，是最符合农村社会的实际情况，从成本、时间、效率等方面来看也是最优的选择。

从里家村的实地调查中，我们也可以发现当前村庄在开展生活

---

① 王晓毅，2018. 再造生存空间：乡村振兴与环境治理［J］. 北京师范大学学报（社会科学版）（6）：124-130.

污染治理过程遇到的一些问题。例如，由于村庄进行自发调整的生活污染治理机制脱离了原有地方政府投资设计与实施的治理方案，后期得不到地方政府相关项目的支持，现在村庄在沼气池进一步推广应用与日常维护方面面临着建设经费不足的问题，这也影响着当地沼气池应用规模的进一步扩大。

三、村内环境治理规范的制定

随着里家村农户沼气池使用数量的不断增加和村庄内生活污染治理的有效推进，村干部开始组织与制定村庄内部的一些规定与乡村公约来进一步完善当地生活污染治理的成果。

“我们村在2014—2015年，就在村里面立了个规矩，村内所有新的农民用房都需要建设沼气池预留发酵池的空间或者与周边的农户共用一个沼气池，否则，村里面就不批准农民建房的申请。同时，对每家每户的牲畜养殖都做出了圈养的要求。以前因为没有对这块做出规定，村民家里的鸡、鸭、鹅都是散养的，搞得村内满地都是家禽家畜的粪便，影响了全村的村容村貌。现在村民的家禽家畜都饲养在自己家里，积累起来的粪便通过打扫倒入沼气池里面，那是很好的发酵原料。猪粪也都由农户自己收集起来从发酵池进料口倒进去。而且，我们村里的生活垃圾从2013年开始就进行了分类，按照生活习惯分为可腐烂垃圾与不可腐烂垃圾。你去看我们村里面的垃圾桶，都是分为这两类。可腐烂垃圾可以作为沼气池发酵的原料，都被利用起来了。如果去看可腐烂的垃圾桶，里面都是空的，因为垃圾都被大家用作发酵的原料了。我们在几个自然村的交界处设立了一些垃圾焚烧炉，其他不可腐烂的垃圾被统一收集起来，由垃圾清洁工每天收集，并在焚烧炉那边进行焚烧处理。但很快又因上级政府的要求，这些不可腐烂垃圾可能需要统一收集并外运到市垃圾焚烧厂和垃圾填埋场进行处理。”（20180319RWB访谈录）

里家村根据村庄内村民的生产生活方式与调整后的生活污染治理机制制定了一些村规民约，对村民的日常行为做出具体的规定，并根据违规行为的轻重制定了相应的惩罚措施。例如，不按照村庄规定的要求来建设沼气池，村委有权不批准村民农用房建设申报。当然，里家村在很大程度上还是一个“熟人社会”或者“半熟人社会”，大部分村民不可能公然做出违反村庄规定的行为，这不仅村干部会来找你“麻烦”与进行纠正，而且普通村民的舆论压力也会迫使村民个体改变不正确的言行。正是因为这些内生于村庄的规范在某种程度上是全村村民都默认的一种规则，基于合意形成的行为约束，约束形成的过程也是权力让渡的过程，每一个生活在村庄内的村民都有遵守这些规则的义务，否则就会被其他村民所边缘化。这类村规民约是一种典型的“内生性制度”，在农村社会中通过一种渐进式反馈和调整的演化过程而发展起来的，其特有内容都将渐进地循着一条稳定的路径演变，即广泛被认可的非正式规则[①]。

村庄内部的生活污染治理机制将为村庄提供一种新的整合机制。第一，体现一种契约型整合机制。中国传统社会依赖以血缘、地缘为基础的先赋型整合机制，改革前是依靠行政性政治整合，改革后则努力实现向契约型社会整合转变[②]。里家村生活污染治理的村规民约是基于村民自身权力的让渡而形成的村庄秩序规范，每一个村民受到相同的对待，每个个体都需要遵守村庄规范，有助于村庄内部进行整合来共同应对日常生活污染的影响。第二，体现一种村民再组织化、重建公共性的过程。随着改革开放之后，个体经营行为的增多，村民参与集体性活动的机会不断减少，村庄原子化程度不断提高。通过村庄内的生活污染治理规范的整合，有助于引导村民积极参与村庄生活污染治理，把分散的个体行为整合为村庄内部有序的集体行动。第三，体现乡土性与现代性融合的过程。里家村通过引入高效能沼气池来应对村庄生活污染问题，并据此设立了相应的村庄规范，不仅体现了立足于村庄社会实际的乡土性质，而

① 吴凡，谷玉安，2006. 制度的生成：自然演化还是人为设计［J］. 理论观察（5）：22-23.

② 孙立平，王汉生，王思斌，等，1994. 改革以来中国社会结构的变迁［J］. 中国社会科学（2）：47-62.

且充分利用现代科学技术来改变不利局面的现代性。这类村规民约在理论上是一种传统与现实、宏观与微观、普遍与特殊巧妙结合的一种社会控制规范[①]。

第三节　环境治理机制的前后比较与逻辑变化

里家村的环境治理实践在结合农村社会实际和注重发挥村干部与村民主体性作用的同时并不排斥地方政府的环境治理机制，实现了村内环境治理措施与地方政府治理机制的有机结合。从当前大部分农村生活污染治理的现状来分析，能在政府主导型环境治理机制下进行主动创新与自发调整的现象仍比较少见。所以，有必要对里家村生活污水治理机制的改变与调整背后的运行逻辑做一些深入的分析与研究，尤其是与地方政府主导型环境治理机制之间存在着何种差异？这样一种改变背后能否对政府主导型环境治理机制有一些新的启发？

一、从“以政府为主体”到“以农民为主体”

政府主导型环境治理机制体现了典型的“以政府为主体”的治理模式。从白家村生活污水治理机制和里家村早期的污水治理机制中，都可以发现地方政府不仅主导了环境治理过程中的资金、技术、土地等硬件资源，同时还树立了“以政府为主体”的环境治理机制，从便于地方政府进行操作和管理的视角设立具体制度。

而里家村在自发调整地方政府环境治理机制时则以农民为主体来进行考虑，注重与农村的自然地理、社会结构、地方文化的结合。镇村居民是具有特殊价值的生态环境治理主体[②]。作为农村社

① 杨建华，赵佳维，2005. 村规民约：农村社会整合的一种重要机制［J］. 宁夏社会科学（5）：63-66.

② 王芳，黄军，2018. 小城镇生态环境治理的困境及其现代化转型［J］. 南京工业大学学报（社会科学版）（3）：10-21.

会的主体，农民自身更了解农村发展的历史与规律，也注重环境治理与农业生产、农村生活的有机结合。具体来看，一方面，农民生活在农村社会，长期受当地环境、社会、文化等方面的影响，早已养成具有地域性特征的思想观念与行为习惯。这种相对稳定的状态使得农民不容易接受较大的外界变化，所以环境治理需要结合农民的观念特点、行为方式和农村的社会关系来进行选择。另一方面，农民并不是一成不变的，他们也会乐于接受一些有益的现代治理技术。通过比较之后，农民会根据实际需要做出一些改变，满足自身利益增长诉求的同时，把影响和风险降到最低。所以，只有立足于农民各项利益诉求的治理手段，才有可能成为符合农村社会特点并发挥效用的“环境治理术”。

此外，结合农村社会结构的具体情况，农民内部还可以分为不同的层次。具体可以分为先进者（地方精英）、普通农民、落后者。先进者在整个农民群体中占据少数，一般不到全部村民的10%，往往最先接触各种外来信息，个人经历比较丰富，富有冒险精神，有组织力和领导力，是集体行动的重要发起者。普通农民不具有很强的冒险精神，不敢于尝试与创新，只有追随先进者才有尝试新事物的勇气，占据总体的70%～80%，是农村社会的主体力量。落后者更不善于接触新事物，一般到最后才开始接受新的事物，少数人甚至被排除在村落社会之外，占据10%左右[①]。在农村环境治理机制自发调整的过程中，需要先进者的领导与组织，大部分村民参与其中，探索符合大多数农民利益的农村环境治理机制，才能真正实现农民自身在村庄公共事务管理中的主体性。

在里家村环境治理案例中，可以发现，村干部等地方精英在农村环境管理中发挥着领头羊的作用，村民则作为主体积极参与其中。里家村的生活污水治理机制的调整与村干部有直接关联，村干部认识到政府实施的生活污水设施难以满足农民日常生产生活的需要，虽减少了环境污染，却牺牲了农民的利益。所以，村干部通过

① 陈阿江，2000. 制度创新与区域发展［M］. 北京：中国言实出版社，190.

自己掌握的资源与信息来引入合适的技术来处理生活污水，并组织农民进行长时间的探索，找到适合本村实际情况的生活污水治理方式与治理机制。农民经过尝试与比较之后，发现不同类型的沼气池之间的差异，根据本村生产生活和自然环境特点选择了一款高效的沼气池来使用。这种改变不仅带来了良好的生态效益，也满足了农业生产需求，还降低了农民生活燃料、用电的成本。

二、从“一刀切”管理到“融合性”治理

政府主导型环境治理机制存在“一刀切”治理的问题。在地方政府“自上而下”的科层制管理机制中，出于管理的简单化、清晰化和可操纵化，环境治理机制被不加选择地推广落实到各个村庄。同时，按照既定的考核程序来评价、验收相应的环境治理项目，并落实日常项目运行的具体考核制度。但是，地方政府主导下的环境治理机制并不一定能够与农村社会的实际情况相符，无论是从环境治理的制度目标还是管理机制，都存在着不小的偏差。正是这种制度上的“一刀切”问题容易使生活污染治理项目在实际运行过程中暴露出一系列问题与不足，最终导致相应的环境治理项目成为“形象工程”和环境治理机制的“悬置”。这一点从里家村的污水治理机制中很好地体现出来。在地方政府设计和实施项目过程中并没有对村庄的一些自然地理条件、社会状况以及农民的需求进行有效的调查与分析，同时，在污水治理项目运行时也没有及时收集当地村干部与村民的意见来及时调整环境治理机制。总体上，地方政府在里家村开展的生活污水治理项目与实行的环境治理机制呈现出单向性、单一化治理的弊端。

里家村则从村庄的现实情况和农民的自身需求出发对政府主导的污水治理项目进行了自发的调整，体现了村庄环境治理“不走极端”的融合之术。中国文化最核心的部分莫过于“和”的思想，“和”有和谐、平衡、协调等含义。按照中国古代儒家思想的归纳就是一种“中和位育”的治理方式。潘光旦倡导“中和位育”的思想体系。其基本原则：一是中庸而不固执一端，二是正常而不邪

式，三是有分寸而不是过或不及，四是完整而不畸零，五是通达而不偏僻，六是切实而不夸诞[①]。费孝通用“相配”和“位育”概念来概括经济与社会的相互作用关系，并考察了这种关系的变迁与重建。这种“中和”的观念在文化上表现为文化宽容和文化共享[②]。具体可以归纳为两个方面：一是需要尊重自然的规律。人类生活在自然界中，需要顺应自然界万事万物的发展规律来生活，对生活污染的治理同样需要结合周围的自然环境来设定制度。二是促进物质循环的形成。在物质循环上强调“人从土中生，食物取之于土，泻物还之于土”[③]。强调在生活污染治理方面善于运用“物质循环”的理念来进行转化，体现“治-用”结合的原则，避免治理技术的生搬硬套。所以，从历史上来看，以“中和位育”思想文化对中国社会尤其是农村社会的影响较大，这一点也可以从农民日常的生产生活行为中看出来。所以，在农村社会秉持“中和位育”的环境治理理念具有天然的社会基础，以一种兼容并蓄的应对方式来融合政府治理方式与村民自身的需求。

三、平衡政府管理与农民自治之间的关系

里家村生活污水治理机制的调整虽然强调发挥农民的主体性作用，但与政府环境治理也紧密相连。政府作为农村环境的主要管理者，在环境治理过程中发挥着不可替代的作用。第一，在环境管理的起步阶段，政府是重要的引导者，通过行政手段来推动农村环境管理工作的起步。第二，政府也是重要的管理者与监督者。在农村环境管理的全过程中，政府始终是重要的参与者，对日常农村环境事务进行有效控制，避免出现各种环境危害事件。第三，政府是财政资金、治理技术的支持者。财政资金的支持是维持农村环境管理工作持续推进的重要动力，需要政府从国家与制度层面上来予以重

① 潘乃穆，1999. 中和位育：潘光旦百年诞辰纪念［M］. 北京：中国人民大学出版社，52.

② 费孝通，2001. 创建一个和而不同的全球社会［J］. 思想战线（27）：1-5.

③ 胡火金，2011. 循环观与农业文化［J］. 中州学刊（6）：188-192.

视。很多有效的环境治理技术还需要通过政府的中介作用才能被引入农村环境治理过程中，发挥出相应的治理效应。这一点从里家村当前生活污染治理过程面临的困境中也可以窥见一斑。

“现在我们面临的主要问题还是资金的问题，后面想着把村里的沼气池规模再进一步扩大，但村里面集体经济基本上拿不出多少钱，无法持续支持沼气池建设。所以，还是需要依靠中央和地方政府的项目支持才能够宽松一点，才能继续搞下去。如果不给老百姓补贴，全部由自己来出钱建沼气池，这也不太现实，六七千块钱对老百姓来说还是一笔不小的数目。”（20180319WCM 访谈录）

从农民自身的角色来分析，自发调整环境治理机制则是一种村民自治的表现。首先，在政府管理与村民自治之间找到一个平衡点，厘清政府与农村自治组织的职责，精简农村承担的行政性事务，切实减轻农村组织的负担，使得农村自治组织有更多的自我组织、自我管理与自我监督的灵活性，提高农村环境治理的效率。其次，在以农民为主体的农村环境管理组织的引导下，需要建立完善的农村环境管理机制。通过农民的共同参与讨论、修订和遵守村规民约来形成良好的环境自治机制，健全农民协商机制，推行相应的议事会、恳谈会等制度来共同商议环境治理方案。正是基于这样一种村民自治的方式，里家村在村庄内部形成了相应的规章制度，对于新建房屋的农户必须要建设沼气池或者就近接入周边农户的沼气池，把日常生活污水、可腐烂生活垃圾和牲畜粪便都纳入沼气池中进行发酵处理；日常生活垃圾处理方面，则是根据沼气池利用原料的要求分为可腐烂垃圾与不可腐烂垃圾进行分类处理。

第六章　多元主体互动型环境治理的机制建构——陆家村生活垃圾处理案例

当前，农村生活污染治理面临着双重压力。随着农村社会的发展与农民对生态环境需求的不断提高，政府主导型环境治理机制越来越难以适应农村社会，无法有效应对各类复杂多样的环境问题与环境危机。面临上述这类治理困境，政府治理农村生活污染的制度必须进行转变与调整，否则，此类农村生活污染问题将难以得到有效处理，农村生活环境也将难以真正得到改善。与此同时，近些年来国家对农村环境治理的关注度不断上升，如何有效地治理农村生活污染已被提上议事日程，尤其是《农村人居环境整治三年行动方案》的出台，进一步推动各级政府要切实有效地落实农村环境治理政策与制度。在现实的农村环境治理需求与政府环境治理压力的影响下，农村生活污染治理需要趋于更加的精细化、有效化与合理化，在政府环境治理机制中融入村民、企业、社会组织等多元主体，构建一种多样、高效、综合的农村环境治理机制。

针对当前农村环境治理的现实问题，本章将通过实地调查研究——浙中陆家村生活垃圾分类处理案例的分析，来全面、具体地呈现成功的农村生活污染治理（政府主导型治理）的转变过程。陆家村生活垃圾分类处理的案例研究，不仅是政府在农村开展生活垃圾分类处理机制建设的过程，同时也是当地村民在政府治理主导下广泛参与并融入村庄社会关系与地方文化的实践经历。通过浙中陆家村生活垃圾分类处理的案例研究，也有助于进一步掌握政府主导型环境治理机制如何进行转变，面对农村生活污染治理的困境如何去进行突破，并试图去准确地理解政府环境治理转型背后的社会逻辑。

为呈现政府环境治理在经验和理论方面的意义，本文将以浙江陆家村为例，以地方政府、村干部、村民等为线索人物，沿着垃圾分类机制在地方社会的引入、调适、完善的发展历程，尝试进行一个公共事务治理机制建设全过程的叙写。陆家村位于城市市郊，全村现有350多户，共1 000余人。村内大部分中老年人基本在家务农，大多数年轻人白天在城内工作，晚上回村庄生活，过着“离土不离乡”的生活。陆家村最早是在2014年开始试点开展农村垃圾分类处理，经过三年多的摸索与实践，全村建立起比较完善的生活垃圾分类处理体系。按照垃圾分类的前端村民分类、中端分类运输及末端分类处理的全过程来看，陆家村村民按照村庄垃圾分类规则进行源头分类，垃圾分为可腐烂垃圾与不可腐烂垃圾，不可腐烂垃圾又分为可回收物、有害垃圾与其他垃圾。笔者对陆家村进行了一段时间的人类学式实地调查，运用文献收集、现场查看、深度访谈、亲身体验等方法来收集与分析方法来掌握当地垃圾分类处理的情况。

与政府主导型环境治理机制不同，陆家村在开展农村生活垃圾分类处理过程中不仅有效利用了地方政府的各项资源，同时，在地方政府支持下充分组织村庄村民参与生活垃圾分类，利用市场机制提高生活垃圾处理效率。这种环境治理机制的转变得益于地方政府、村庄自组织和环境治理市场之间的相互协调与合作，把村庄自组织和市场运作机制纳入地方政府主导的环境治理过程中去，提高农村环境治理的精细化、准确化与综合性治理的优势。从陆家村生活垃圾分类处理制度来看，地方政府的环境行政管理体系与村庄自组织体系之间形成了良好的衔接，整个生活垃圾分类处理系统基本上是遵照地方政府环境管理与农村社会结构和社会关系的特点建立起来。在生活垃圾分类处理过程中，地方政府行政管理机制与村庄社会结构和社会关系有机衔接起来，形成了一个“自上而下”“自下而上”的完整治理系统。

第一节 地方政府尝试引入垃圾分类机制

农村生活垃圾分类制度的建设首先是基于全国环境治理的大背景，党的十九大强调建设生态文明是中华民族永续发展的千年大计。在中央环境政策与制度的影响下，各级政府都开始重视环境保护工作，环境保护工作成为政府部门主要政绩考核要求。地方政府也尝试在管辖权限内做出一些创新与尝试，扩大地区的知名度与影响力。村庄环境公共治理目标的实现，是凝聚村庄内部集体力量实现公共事务治理的过程，也能够反映出村干部的个人领导能力。

一、生活垃圾治理的社会背景

生态文明建设是中华民族永续发展的根本大计。改革开放以来，我国经济快速发展，物质财富不断累积，民众获得感与幸福感与日俱增，中国共产党与中国特色社会主义制度的被认同度也稳步上升。但随着社会的进步，人民根植于物质财富的获得感与幸福感逐渐弱化，民众对改善生态环境有着强烈的期待与要求。正如习近平总书记所言："改革开放以来，我国经济社会发展取得历史性成就，这是值得我们自豪和骄傲的。同时，我们在快速发展中也积累了大量的生态环境问题，成为明显的短板，成为人民群众反映强烈的突出问题。"[①] 有效应对当前大气雾霾、生活污水、固体生活垃圾等环境问题成为群众最迫切的诉求之一。

21世纪以来，生活固体垃圾分类问题得到了党和政府的重视。党的十八大以来，以习近平同志为核心的党中央推进生态文明体制

---

① 本书编辑组，2017. 习近平谈治国理政（第2卷）［M］. 北京：外文出版社，394-395.

改革，生态文明建设和生态环境保护工作已成为各级政府工作的重心。在科学的顶层设计下，出台合理的生态政策，完善已有的生态制度，推动生态法治的建设，开展相应的环境治理、生态修复工程。2016年，习近平总书记在中央财经领导小组第十四次会议中指出，普遍推行垃圾分类制度，关系着13亿多人的生活环境改善，关系着垃圾能不能减量化、资源化、无害化处理。2018年，习近平总书记在上海考察时，提出垃圾分类就是新时尚。习近平总书记一直关注着垃圾分类这件“关键小事”。生活垃圾分类已经成为当前全社会都在关注的一件大事，“自上而下”的垃圾处理政策与制度的出台在很大程度上影响着地方环境管理者的决策。

与此同时，垃圾处理的现实问题也迫使环境管理者采取应对措施。随着城市化的推进和居民生活水平提高，垃圾增长速度不断加快，越来越多的城市和农村地区都面临着垃圾无法处理的问题，很多垃圾填埋场的填埋速度远超于最初的设计。以杭州天子岭垃圾填埋场为例，由于近年来杭州市区垃圾填埋每年以10%的速度增长，2013年以来市区生活垃圾产生量日均8 000吨。其中，5 000吨生活垃圾进入天子岭垃圾填埋场，3 000吨进入垃圾焚烧厂焚烧。天子岭垃圾填埋场二期工程于2007年启用，原设计可以使用24.5年，但按照现在的填埋量，估计最多只有10年的使用寿命①。不仅杭州市面临垃圾填埋场使用寿命大大缩减的状况，全国大部分城市都面临着垃圾填埋缺乏足够空间的问题。可见，垃圾围城、垃圾围村现象已成为当前各地不得不面对的事实，亟待采取措施来予以应对。通过前端垃圾分类，不仅能够减少垃圾数量，而且还能提高垃圾焚烧效率，实现资源化、无害化与减量化处理。

正是在中央垃圾处理政策、中央领导指示以及当前垃圾处理面临的困境等因素影响下，各级政府部门已经认识到有效处理固

① 环卫科技网，2013. 杭州天子岭垃圾填埋场日处理垃圾4 000吨使用寿命不及6年［N］. 环卫科技网，2013-12-19.

体生活垃圾越来越成为今后一段时间内的重点工作。有的地方政府早已根据地方实际情况尝试在固体生活垃圾有效处理方面做一些工作，创新现有的垃圾处理机制。

二、地方政府的行动策略

在全国环境治理的大背景下，地方政府在中央政府的压力型机制[①]、“指标下压型”环境管理[②]、地方政府间“晋升锦标赛”竞争模式[③]下越来越倾向通过地方环境治理来提升自身的政绩。农村垃圾分类作为当前环境治理的重要内容，是地方政府实现地方环境治理与展现自身政绩的重要手段。尤其是在全国大部分农村地区尚未开始行动之际，地方政府在新的环境治理领域容易做出一些成绩。

“我们这边的农村垃圾分类可以说是走在全国前列，开始做垃圾分类比较早而且相对来说做得比较成功。我们最早是在2014年选择了几个试点村进行垃圾分类工作的开展，后来因为垃圾分类具有系统性，从村推广到镇，在几个试点镇里进行垃圾分类工作的推广。经过两年时间的探索，当地的一些村庄也取得了一系列的成绩，当地很多农村因为垃圾分类而出名，越来越多的外地政府、村干部等来我们这边考察与学习。从我们农办的角度来看，虽然工作任务重、人员少，但是农村垃圾分类这类环境治理工作依然需要做下去，一方面，这是为农民营造良好的生活环境，减少环境污染的影响，为农民谋福利；另一方面，这也是国家生态文明建设与环境保护的要求，建设美丽乡村的要求。”（20180811FZR访谈录）

---

① 荣敬本，等，1998. 从压力型体制向民主合作制的转变：县乡两级政治体制改革［M］. 北京：中央编译出版社，28-35.

② 王勇，2014. 从“指标下压”到“利益协调”：大气治污的公共环境管理检讨与模式转换［J］. 政治学研究（2）：104-115.

③ 周黎安，2007. 中国地方官员的晋升锦标赛模式研究［J］. 经济研究（7）：36-50.

虽然地方政府在压力型体制下受到上级政府环境管理政策与绩效考核的影响，但是在地方政府管辖的范围内还是具有较大的自主性与灵活性。尤其是对一些较新的环境治理领域，地方政府基于横向竞争者的比较与竞争采取各类制度创新方式来“干出”一些政绩。正是基于这样一种政绩观念，地方政府并不是简单地按照上级政府的管理要求进行环境治理，而是充分结合地方社会的一些实际情况制定、调整与创新相应的环境政策与制度。从当地农村生活垃圾分类情况来看，当地政府在没有相应经验可以借鉴的条件下，立足于农村社会的一些实际情况来制定农村生活垃圾分类制度，努力探索一条符合当地农村实际情况的环境治理路径。以生活垃圾分类标准来看，从最开始的“四分法”逐渐过渡到当前的“二次四分法”也是地方政府依据农村社会的具体情况不断做出调整，找到符合农民生活习惯的分类方法。

出于创新农村垃圾分类方法的目标，地方政府根据本区域的实际情况制定了一系列环境治理机制与考核要求，推动当地农村开始着手垃圾分类事务（表 6-1）。从中也可以看出，地方政府在应对上级政府环境治理的要求以及当地农村环境治理的实际情况做出改变与调整，试图既能够满足上级政府政绩考核要求，又实现当地环境治理与生态好转的目标。当地政府对村庄生活垃圾分类工作设立了相应的检查评分要求，具体来看，可以分为垃圾源头分类、二级分拣、环境整治、制度落实这四个部分，考核要求见表 6-2。

表 6-1　农村垃圾分类考核评价体系

分类评价	考核评价方式
市对县级评价	将垃圾分类工作列入美丽乡村、生态县（市）、新农村建设等年度评价
县级对乡（镇）评价	县级成立垃圾分类工作评价小组，对乡镇（街道）农村生活垃圾分类工作组织定期评价，评价成绩按镇村分类排序通报到乡镇

（续）

分类评价	考核评价方式
乡（镇）对村评价	乡（镇）成立农村生活垃圾分类工作评价小组，制定本乡（镇）农村垃圾分类工作评价细则，对村垃圾分类工作定期检查评比

资料来源：《地方标准规范——农村生活垃圾分类管理规范》，2016 年。

表 6-2　农村生活垃圾分类检查评分表

类别	检查内容	分值	扣分标准
垃圾源头分类（30 分）	基本到位（户数）	30	每村检查 20 户，已分类的农户比例（基本到位户数＋不到位户数/2）/20×30
	不到位（户数）		
	未分类（户数）		
二级分拣（25 分）	清运员对农户垃圾一次分拣，日产日清。清运员在装运垃圾投放前进行二次分拣	10	清运员在垃圾装运前未进行分拣的扣 5 分，未按规定分拣时间分拣扣 5 分。垃圾未日产日清扣 5 分，未分类运输扣 5 分。累计本项扣完为止
	阳光堆肥房内可堆肥和其他垃圾分类到位	10	抽查一定量的可堆肥垃圾和其他垃圾，错分垃圾比例在 10%以内各扣 2 分，11%～20%各扣 5 分，21%以上扣 10 分，本项扣完为止
	阳光堆肥房管理	5	不能腐烂的垃圾不及时清运扣 1～3 分。未实行封闭管理或损坏未及时整修每处扣 1 分，未设置护栏和警示标志各扣 0.5 分，未定期添加微生物菌种灭蝇措施的各扣 1 分，周边卫生不好扣 2 分
环境整治（35 分）	村内外环境卫生整洁，无暴露垃圾	10	村内有明显垃圾每处扣 0.5 分，陈年垃圾每处扣 1 分，较大垃圾堆每处加扣 2 分；擅自填埋或焚烧垃圾扣 2 分

（续）

类别	检查内容	分值	扣分标准
环境整治（35分）	农户房前屋后无乱堆乱放、无乱搭乱建	10	抽查一定量的可堆肥垃圾和其他垃圾，错分垃圾比例在10%以内各扣2分，11%～20%各扣5分，21%以上扣10分，本项扣完为止
	无水面漂浮物、无污水横流，无散养家畜	5	发现水面漂浮物1处扣1分，污水外溢1处扣1分，污水管堵塞每处扣0.5分，雨污合流每处扣0.5分，水沟未清理每处扣2分；散养家禽家畜每只扣0.5分，圈养家禽家畜影响村庄美观的每处扣1分
	无乱贴乱画	5	非法广告、标语、破旧牌匾、乱贴乱画发现1处扣1分，扣完为止
	无裸露空地	5	村内空地未绿化美化或杂草丛生的，每处扣1分；道路护栏、砌石损坏每处扣0.5分，村内道路两侧杂草丛生发现一处扣1分，绿化修剪不及时扣0.5分；捐资投劳未开展的扣5分，未在醒目位置公示的扣2分
制度落实（10分）	依据年度工作安排和时间节点，落实宣传发动四个会、卫生费收缴、荣辱榜、党员联系户制度等各项制度	10	四个会不落实扣2分，未按规定时间完成卫生费收缴扣2分，党员联系户制度不落实扣2分，荣辱榜无照片或照片数量不足、有照片无姓名、无日期或照片更换不及时的酌情扣1～5分。其他公共设施管护不到位酌情扣分，本项扣完为止

资料来源：实地调查。

现有的政绩考核方式结合了中国政府体制和经济社会结构的特征，在“简政放权”背景下政府官员手中拥有一定的自由处置权，提供了一种具有中国特色的激励地方官员推动地方环境治理的治理方式。从国际比较的视角来分析，正是这种行政管理体系的推动才能使我国的环境管理在短时间内如此快速、全面的推广开来，这是与现有的中国政治体制机制紧密联系在一起的。地方政府也正是在全国环境治理的大背景下去思考农村生活污染治理机制方面的突破点。这是向上级政府“邀功”的一种表现，是政绩考核的新方式。

三、村干部的“双重角色”

作为乡村社会治理重要力量的村干部，其复杂的角色定位与行为表现，历来是学术界所关注的重要话题。一般的研究路径是：透过村干部身份与角色的分析，揭示其在乡村公共事务治理之中所发挥的职能与效度，进而从村干部的视角来探讨实现乡村善治的途径[①]。已有文献对村干部所扮演角色的分析，相互之间的争论比较大，不同的学者结合各自的研究提出了不同的结论。其中，比较有代表性的观点有“双重角色论”“三重角色论”“多重角色论”“守夜人”“撞钟者”“双重边缘化”等。

村委会作为行政体系指导的自治组织，村干部首先需要完成上级政府下达的一系列任务，做好“政府代理人”的角色。同时，村干部也处于农村熟人社会关系网络中，作为全体村民的利益代表者，必然是“村庄当家人”。尤其是处在村民自治下的村干部，应是村民利益的代表者与维护者[②]。当然，有学者也提出，村干部在某种程度上也有追求个人利益的动机，提出村干部是集政府代理人、村民当家人以及理性人的三重角色于一身[③]。正是在多重影响因素的作用下，村干部的行动逻辑也出现了不同于地方政府的特征，值得进一步分析。

在陆家村垃圾分类实践过程中，村干部的“双重角色”得以很

---

① 龚春明，2015. 精致的利己主义者：村干部角色及“无为之治”［J］. 南京农业大学学报（社会科学版）(3)：27-33.

② 陈永刚，毕伟，2010. 村干部代表谁？应然视域下村干部角色与行为的研究［J］. 兰州学刊 (12)：69-72.

③ 付英，2014. 村干部的三重角色及政策思考：基于征地补偿的考察［J］. 清华大学学报（哲学社会科学版）(3)：154-163.

好地体现出来。从陆家村的实际情况来看，垃圾分类机制的设置，不仅是上级政府下达的行政任务，也是村干部谋取村庄福利和追求个人名誉的一项行动，不同的角色达成一致。这种角色的统一，有效地促进村干部在生活垃圾分类制度建设过程中采取行动来引导与组织村民开展农村垃圾分类。

从村干部的角度来看，除了要完成地方政府下达的任务之外，主要还是要从村民方面来思考问题。村干部做的事不能体现村庄整体利益势必会被村民指责，甚至还会被怀疑个人能力不足。所以，村干部对于上级政府下达的一些任务，需要结合村庄的实际情况来有效地开展，并不能简单地按照政府的要求执行，必须首先把村民的利益纳入其中，否则不可能有实质性作用。（20180811LSJ 访谈录）

除了我们上级政府的检查之外，每个月定期都会把全区的村庄进行总体评价，并在我们本地的报纸上公布结果，还有相应的网上、微信平台都会公布村庄的垃圾分类排名。这对当地的乡镇、村庄都会起到一定的压力，排名靠前的村庄会更加努力保住排名，靠后的村庄也会争取提高自己的名次。(20180811FDF 访谈录)

除了是地方政府的“代理人”和村庄“当家人”之外，村干部在开展垃圾分类工作的同时也隐匿着个人名誉与个人利益。杜赞奇把村干部比喻成“赢利型经纪人”，他指出：“村公职不再是炫耀领导才华和赢得公众尊敬的场所而为人追求，相反，村公职被视为同衙役胥吏、包税人、赢利型经纪一样，充任公职是为了追求实利，甚至不惜牺牲村庄利益”①。垃圾分类机制不像征地拆迁、项目上马等其他农村事务直接涉及经济利益，更多的是一些民生保障、公共管理方面的工作，没有太多的直接经济利益回报，但从长远角度来看，农村垃圾分类工作做到位可以开创一些新的模式和树立全国的典范，这在很大程度上不仅给村庄赋予较高的荣誉，也给村干部

① 杜赞奇，2004. 文化、权力与国家［M］. 王福明，译. 南京：江苏人民出版社，115.

等地方精英带来了个人声誉和间接利益。

第二节　多元主体参与垃圾分类机制的建设

在地方政府的垃圾分类政策与制度的行政压力下，村干部并不是“僵硬”地执行任务，而是试图结合村庄与村民的现实情况做一些改变与调整。从农村社会来看，政府出台的垃圾分类制度并不能适应农村社会以及体现农民自身的意志。所以村干部需要对相关的垃圾分类制度做一些转换，以此能够适应农村社会的特征，村民则根据以往的生产生活经验来对垃圾分类制度做一些变化。村庄自身的尝试与改变反过来也可以影响地方政府有关垃圾分类的政策与制度，形成更具有操作性、可行性的制度。

一、村干部转换分类制度

面对地方政府下达的各类垃圾分类的政策与制度，村干部势必需要按照要求来执行，但是村干部如何执行则又是另一个问题。有些村干部不重视地方政府下达的各类垃圾分类政策与制度，可能通过做一些表面工作应付上级的检查。但是，部分村干部认为这些政策或制度能够为村庄与自身谋取一些利益，从村庄的实际情况出发对政策、制度做一些转换，以此来实现制度的现实可操作性。通过政策转换实现“变通”，从某种程度上是政府组织结构和制度环境的产物，是权威体制与有效治理矛盾的缓冲机制[①]。此类变通策略内生于中国治理结构的思路[②]。这种政策的转换需要基于村庄已有的社会基础，具有相应的经济条件、组织制度、群众基础与文化环境，才有可能把上级政府出台的政策、制度转换为符合村庄实际的

① 周雪光，2014. 从“黄宗羲定律”到帝国的逻辑：中国国家治理逻辑的历史线索［J］. 开放时代（4）：108-132.

② 周雪光，2009. 基层政府间的“共谋现象”：一个政府行为的制度逻辑［J］. 开放时代（12）：40-55.

操作手段。

刚开始，我们也不知道怎么做，上面出台了垃圾政策在我们村里搞试点，但我们没有经验无法下手。所以基本上是按照相关政策、制度的要求开展垃圾分类，但是村民并不买账，分类效果不尽如人意。所以，我们一边去其他已经开展垃圾分类的地区进行考察学习，一边在村里进行各种实践尝试，想找到符合我们村特色的垃圾分类模式。经过一段时间的探索，我们逐渐有了一些想法，对上级政府的一些政策也试着去做一些调整和改变，以便能够更好地在我们村里发挥作用。比如，最开始的时候，政策里规定是以连片的10户农户为一个单位来联系，但是在实际操作过程中这种方式有些僵硬，村民之间的矛盾较多。我们在原来的政策基础上做了一些调整，以10户为一个单位但可以自由组合，提高了管理的灵活度，效果也比原来要好很多。（20180810LSJ访谈录）

从政策制定与现实操作情况来分析，两者之间存在差异是一种普遍的现象。政策制定者处在高位，并不能完全掌握农村社会的所有情况，甚至连村干部等地方精英也难以摸透村庄情况，且农村社会处于快速变动的状态中。只有通过在农村社会中实际开展垃圾分类机制，才能够检验相应的垃圾分类政策、制度的适用性与可操作性，并在试用过程中来完善制度的具体操作细则。通过政策与实践的反复磨合，垃圾分类制度得以不断地完善，并在很大程度上能够被当地农村社会所采用，这也是成功的政策制定与制度实施的必经步骤。

二、村民探索分类实践

开展农村垃圾分类，离不开村民积极、主动地参与。从垃圾分类的内容来看，每家每户根据日常生活中产生的垃圾进行有效的分类，此后由中端垃圾收集人员来分类收集，进而进入末端的分类处理环节。所以村民作为垃圾分类的第一个环节，需要准确、有效地做到垃圾分类，以便中、末端环节能够顺利进行下去。垃圾分类看似是个体或者家庭为基本单位来开展，但是从村庄层面来分析，垃圾分类同样是一种村庄公共事务，需要村庄内村民形成统一、准确的分类行为。如果村庄内有部分村民不配合集体行动，垃圾分类制度将难以建立，村庄环境公共管理也难以成功实现。

村民的自我创新与实践是促成村庄垃圾分类制度建设的关键因素。当上级政府的垃圾分类政策与制度在农村落地以后，村民会根据自身日常生产生活习惯做出相应的反应。对于确实有助于农村和农民的政策，村干部和村民都会主动去适应。整个垃圾分类机制建立、调适与完善的阶段，也是村民改变日常生活思维与行为的过程，这种改变是村民主动根据自身条件与外在环境做出的一种调整。利用这种调整的机会，村民会把很多行为习惯融入垃圾分类制度中去，做出符合有利于自身的调整并与上级政府出台的制度保持一种平衡。在实际调查中，我们发现陆家村的垃圾分类机制在调适过程中离不开当地妇女、党员组织的引导与组织。在制度开始运行之际，面对着政策无效、村民“无动于衷”的局面，村内的妇女利用各种广场舞、秧歌队等业余活动组织来推动垃圾分类在村内的运行，同时通过微信、QQ 等网络通信方式来扩大和推广垃圾分类信息，随后又建立起日常管理、监督体系，促进村庄垃圾分类制度的建设。党员组织类似于妇女组织，通过联系户制度来广泛动员、推动村民参与垃圾分类，不断扩大村庄内垃圾分类机制的影响面。

最开始的时候，主要通过村里面的妇女同志进行联系，才慢慢形成村里面的联系户机制，带动普通村民进行垃圾分类。经过一段时间的实践尝试，村民垃圾分类机制基本建立起来。在原有的妇女代表联系方式的基础上又创建党员联系户，进一步带动村民开展垃圾分类。在垃圾分类过程中，我们一直在对上级政府的制度进行调整，也有很多新的创造。比如，垃圾分类桶在我们村已经更新换代到第七代，从最初的一个桶，到现在的两个桶加桶盖，并附有二维码扫描。垃圾桶的变化反映出我们村垃圾分类规范的不断调整与村民垃圾分类行为的改变。(20180810CZR 访谈录)

从村民自身垃圾分类行为来分析，当前的垃圾分类模式与农耕社会时期的分类形式相似。从早期农业生产和农民生活来看，通过各种资源化利用的方式实现“废物利用”是传统农村社会的一种常见的生活模式。正是基于这种传统生产生活中保留下来的分类习惯，为当前垃圾分类制度的建设奠定了前期基础，有助于村民在前、后不同时期的行为间找到一种熟悉的过渡方式。

垃圾分类主要是分为可腐烂的与不可腐烂的。其实，在集体化时期20世纪七八十年代，农民是进行垃圾分类的。没有联产承包制度之前，每家每户房前屋后会有一个沤肥池，垃圾、鸡粪、稻草、烧草木灰都在里面，然后这些肥料都会用到自己家的自留地中。还有破衣服、牙刷、鸡蛋壳、骨头都是供销社回收的，就算是鸡毛也是用来换东西的。现在进行垃圾分类，分为可腐烂的和不可腐烂的。这种分类方法，年纪大的一些人比较容易接受。(20180810FZR访谈录)

三、地方政府调整分类政策

随着地方垃圾分类政策在农村落地之后，各种现实问题不断出现，使得政府也不得不思考制度本身可能存在的缺陷。虽然从地方政府的角度来看，制定农村垃圾分类政策与制度是一种大胆的尝试与创新，也有助于改善农村的村容村貌，但这些制度落实到农村并不能得到很好执行，也满足不了农民的需求。同时，垃圾分类机制是一项不成熟的制度，在实际运行过程中尚没有找到一种比较合适、有效的方式来开展垃圾分类，仍需要不断地尝试、修改与完善。

地方政府率先在全省甚至全国范围内建设垃圾分类机制，不同于直接执行上级政府的行政指令的工作方式。在垃圾分类方面，没有相应的经验可以参考，只能通过实践不断完善现有制度，适时地对现行制度做出一些调整与变化来提高农村垃圾分类率。

我们在垃圾分类试点过程中，也对一些政策、制度做出了调整，从而能够更好地适应农村社会的实际情况。在一些具体政策方面做出了修改和调整，比如说党员联系户制度，从最开始的连片10户农户，到现在的自由组合10户农户。因为农村社会中人与人的关系比较复杂，有时候邻里之间、亲戚之间的关系并不是特别好。如果采用连片10户联系制，容易造成联系户内部农户之间的矛盾。经过一段时间的实践之后，我们发现，让党员自由联系农户，不仅减少了联系户内部的矛盾与问题，而且也提高了农户垃圾分类的效率。经过党员联系之后的剩余农户则由村党支部书记和村主任来兜底联系。正是经过农村垃圾分类试点工作的检验，各项制度才能够不断地得以完善与健全。（20180811FZR访谈录）

与此同时，地方政府除了引入村庄自组织垃圾分类的一些举措之外，还积极引入一些市场化手段促进农村生活垃圾分类体系的建设。从整个垃圾分类过程来看，引入专业的市场运行企业承包垃圾分拣、运输与处理，并接受当地政府、村庄的管理与监督。在可回收垃圾这一部分，除了一些常见的容易进行市场交易方式之外，还有一部分垃圾则通过当地供销社兜底交易的方式促进垃圾的回收利用，提高当地村民参与垃圾分类的积极性。例如，除了容易进行市场交易的废品之外的一些铁罐、包装纸、毛发、塑料制品等，则可以利用供销社市场回收机制来回收利用。

地方政府还根据当地垃圾分类的实际情况，对市场化运行做了明确的制度规定。根据当地垃圾分类制度来看，农村生活垃圾分类工作遵循政府主导、属地管理、公众参与、市场运作、社会监督的原则，实行减量化、资源化、无害化处理。对生活垃圾收集、运输、处理经营者，应当执行环卫作业标准，按照规定和双方约定履行工作职责。生活垃圾收集、运输、处理经营者，乡镇（街道）垃圾转运站和村（社区）生活垃圾资源化处理设施运营管理者，应当建立农村生活垃圾管理台账，记录生活垃圾来源、种类、数量、去向等情况，并定期向当地主管部门和乡镇人民政府报送数据与信息。地方政府在当地农村生活垃圾分类过程中利用一些市场化的机制与手段来促进农村垃圾分类体系的健全，不仅减轻了地方政府的行政管理的成本与压力，而且进一步提高了农村生活垃圾分类的效率与准确性。

从地方政府政策与制度的调整来看，垃圾分类制度的不断完善过程同样是对村庄建立健全农村垃圾分类机制的认同，切实地从农村社会结构、社会关系、地方文化、环境状况以及市场机制等方面出发来出台相应的制度。根据当地的垃圾分类制度制定情况来看，当前《农村生活垃圾分类管理条例》《农村生活垃圾分类减量管理条例（草案）》等制度都是根据当地农村实际情况与农民提出的建议制定、修改形成，符合当地农村社会情况，可以进一步提高农村生活垃圾分类的效率与质量。这也带动了村民发挥实践优势，根据传统生产生活习惯与现代科学技术结合来创新、创造多样化的垃圾分类机制。

第三节　垃圾分类机制的巩固与环境治理成效

当垃圾分类制度在实践中得到不断巩固与完善，农民的垃圾分类行为也得到塑造，形成统一的垃圾分类行为。由于垃圾分类制度的完善，农村垃圾分类形成了前、中、后处理环节统一的处理机制，促进农村垃圾分类工作的有效、稳定地推广。同时，根据现有的农村垃圾分类实践，制定并出台地方农村垃圾分类标准，甚至成为制定国家垃圾分类标准的重要依据。

一、村民分类行为习惯的养成

以村民的环境意识变化为分析视角，呈现了从“自发”到“自觉”[①] 的意识觉醒过程。刚引入垃圾分类机制的时候，大部分农民

① 蒋培，2018. 从“自发”到“自觉”：农民生产行为的生态化［J］. 宁波大学学报（人文科学版）(6)：98-104.

可以说并没有相应的环境意识来进行垃圾分类；在制度影响和集体压力下，村民开始自发地分类生活垃圾，但并不理解背后的原因；随着制度影响的不断深化，垃圾分类带来越来越多的环境效益和社会效益，村民逐渐理解背后的社会意义，并自觉地进行垃圾分类活动。

刚开始的时候，老百姓也不是很理解垃圾分类有什么意义，只是按照村里面的要求来进行垃圾分类。但是，经过一段时间的垃圾分类之后，村里面的环境卫生状况有了较大程度的改善，家家户户房前屋后都很整洁、干净，村民之间也因为垃圾分类变得更加团结。村民也逐渐意识到垃圾分类带来的好处，因为村里面的环境卫生状况改善之后，各种苍蝇、蚊子也少了很多，村民的居住环境向好的方向转变。村民自身在这个过程中也更加主动地去进行垃圾分类，逐渐形成一种日常生活习惯。(20180811LSJ 访谈录)

(问：阿婆，现在村里面开展垃圾分类，你家也会进行分类吗?) 会的，垃圾分类并不是很难的事。刚开始的时候不是很懂，分类几次以后就学会了。垃圾分为可烂的与不可烂的，分完之后，村里的收垃圾的人会来收的。分了两三年了，现在都形成习惯了，也是比较容易办到的。(20180811WDM 访谈录)

随着陆家村垃圾分类制度的形成，村民自身垃圾分类行为也基本塑造完成。村民垃圾分类行为是垃圾分类制度的核心内容，也是最终目的。垃圾分类制度的建设过程，也是村民分类行为塑造的过程，从最开始的垃圾统一处理到后期的垃圾分类处理，表明了村民从环境意识和环境行为方面都发生了改变。当村民自身意识到垃圾分类的重要性时，就会主动、自觉地在日常生活中践行各种环境治理行为，为了保持村庄的环境状况而采取措施。

随着村民自觉的垃圾分类行为的养成，由地方精英引导的农民组织与村庄垃圾分类制度逐步完善，成为村庄垃圾分类的重要组织和管理力量。从村庄管理的角度来看，这些组织与机制是依据农村社会的社会关系、社会结构、地方文化、行为习惯等方面逐步构建起来的，可以说比政府主导型环境治理机制具有一些天然的优势。一方面，此类基于地方社会实际情况产生的农民自组织与垃圾分类机制善于结合当地的自然、社会、经济、文化等情况做出最优的选择，达到操作成本最低的同时还具有较高的成效。另一方面，内生于当地村庄的垃圾分类制度在很大程度上对农民更具有约束力与影响力，以农村社会组织来引导与规范农民的日常生产生活行为容易被农民接受，并逐渐形成相对固定的组织和规范机制。

二、前、中、后端垃圾分类处理环节的统一

生活垃圾分类制度建立的另一个重要标志是垃圾分类的前、中、后端处理环节的统一。从垃圾分类的过程来分析，最开始是前端垃圾分类的形成，但中、后端分类却没有形成；随后是前、中、后端分类处理机制保持统一，实现垃圾分类处理的目标。具体来看，首先，需要村庄内的村民形成有效的前端垃圾分类行为，保证垃圾源头分类得到保证，生活垃圾能够有效分类；其次，村庄内部的垃圾收集也需要分类进行，通过设施、人员的配备，有效地开展农村垃圾的分类收集、运输；最后，利用现有的垃圾处理技术，实现各种可腐烂垃圾在村庄内部的处理，提高垃圾的资源化利用率。从整个垃圾分类处理过程来看，农村垃圾分类处理很大程度上依赖于农村社会与村民自身，需要建立相应的组织体系、处理设施、管理机制等，是农村环境治理自觉性的一种体现。

随着垃圾分类前中后处理环节的统一形成，垃圾分类后通过不同的处理方式实现有效的利用与处理。村里有两个垃圾收集员，可腐烂垃圾与不可腐烂垃圾分开运输，部分有毒有害垃圾则集中到村委大楼边上的垃圾桶，定时由运输公司运到专业的有毒有害垃圾处理中心处理。可腐烂垃圾则运到村里的阳光房处理，经过生物发酵之后变为有机肥，用于村民种植树苗、蔬菜等。不可腐烂垃圾则分为可回收利用与不可回收利用部分，可回收利用部分通过市场机制或供销社回收，其他部分则进入垃圾焚烧厂进

行焚烧处理。一般从农村日常生活垃圾成分来看，可腐烂垃圾占到70%～80%，是主要的垃圾成分。现在基本上在村里面都可以得到有效处理，村民还可以利用相应的有机肥来从事农业生产。(20180811WZR访谈录)

随着垃圾分类制度的完善，陆家村的垃圾处理基本上解决了垃圾围村的问题。日常生活垃圾中大部分可腐烂垃圾经过分类后进入垃圾分解阳光房，利用生物发酵的方法来处理可腐烂垃圾，这基本消除了50%以上的生活垃圾。此外，这种垃圾分类制度的形成也促进农村生活垃圾循环链条的形成，各种可腐烂垃圾经过处理之后重新得到利用，实现资源化、无害化、减量化处理。

三、从“民标”到“官标”的提升

农村垃圾分类制度的建设有助于分类标准的形成。通过农村垃圾分类制度的建设与村民垃圾分类行为的塑造，日常生活中各种垃圾分类机制逐渐成为地方垃圾分类标准，进一步促进地方垃圾分类的有效开展。随着垃圾分类地方标准的形成，也可以进一步说明农村垃圾分类机制基本成熟，也有助于推动农村垃圾分类制度的建设与推广。

当地经过3年多的实践探索，形成了比较健全的生活垃圾分类制度，出台了符合当地农村社会特点的垃圾分类管理条例，开始有序的执法运行，并吸引其他地区前来参观与学习。具体包括《农村生活垃圾分类管理规范》《农村生活垃圾分类管理条例》《农村生活垃圾减量化处理资源化利用模式》等。与此同时，随着当地农村生活垃圾分类制度与实践经验的推广，其他地区都来考察与学习，借鉴当地垃圾分类机制的成功经验。早在2016年，住房城乡建设部召开全国农村生活垃圾分类和资源化利用现场培训会，来自全国31个地区的代表前来“取经”。具体从分类简便化、处理资源化、治理全域化、资金多元化、参与全面化、机制长效化6个方面来了解当地农村垃圾分类的实践经验。

根据我们当地农村垃圾分类试点地区的实践，我们制定了《农村生活垃圾分类管理条例》。对农村垃圾分类进行不断地规范与强化，进一步提高了我们当地的农村垃圾分类水平。今年浙江省制定农村垃圾分类标准《农村生活垃圾分类管理规范》的时候，就是参考了我们的分类标准，引入了我们当地垃圾分类的一些新的做法。同时，最近几年来，全国各地30多个省市地区的人来考察、学习，我们下面陆家村的垃圾分类模型还参加了党的十九大召开之际“砥砺奋进的五年”大型成就展，宣传了我们当地农村垃圾分类的一些具体做法。（20180811FZR访谈录）

陆家村农村生活垃圾分类的实践经验，为地方甚至全国垃圾分类制度的制定与执行提供了重要参考。随着当地农村生活垃圾分类制度的不断健全，不仅农民自身基本形成准确的垃圾分类行为习惯，同时各类具有地区性特点的分类标准与制度也逐渐成熟，这为今后地方与国家的分类制度制定提供了较好的分析样板与指导经验。从民间环境治理尝试上升到地方制度标准，意味着地方农村垃圾分类制度的成功建设，也表现了农村多元主体参与形成环境治理机制的独特优势。

总的来看，浙中农村生活垃圾分类处理制度的建设，经历了从最初的地方政府政策制定、村干部等地方精英的组织引导、村民垃圾分类的实践尝试到分类制度的调适与修改、村庄垃圾分类管理网络的形成、村民分类行为的塑造整个过程。农村垃圾分类制度的建设，一方面是地方垃圾分类制度逐渐形成的过程，甚至成为国家垃圾分类标准的重要依据；另一方面，是村民在政策、制度影响和日常生产生活中不断塑造自身分类行为的经历，通过多方面、多层次的影响，村民在实践中树立起正确的环境意识和塑造合理的环境行为。

农村垃圾分类制度的建设，反映的是地方政府、村干部、村民之间的权力关系变化。随着公众自我权利意识的不断增长，以行政命令推动环境管理制度很难在农村社会有效运行。地方政府在开展环境公共治理的过程中需要注重方法引导、组织村民参与进来，实现制度的预期目标。政府、村民以及村干部之间权力关系出现了改变，村民对制度的影响力有所上升，村干部则是协调、组织村民开展垃圾分类行为的重要力量，在一定程度上也能够影响地方政府的一些决策与制度。同时，村庄还积极引入一些市场机制来回收可回收垃圾与配合垃圾分类的源头分类、中端运输与末端处理工作，进一步提高了农村生活垃圾分类的效率。总体的权力格局变化表现为，地方政府在环境公共治理中的权力影响有所减小或者说受公众的限制越来越大，而村民与村干部对环境公共治理的影响逐渐增大，当前的农村公共环境治理机制是政府、村民相互妥协与协商的结果，更具有稳定性、长期性与可行性。从浙中陆家村垃圾分类案例来分析，垃圾分类制度的形成不仅是政府制度向下推行的过程，同样也是地方社会村民自我实践与尝试的体现。政府推动制度实施的主要目的是为了治理环境，并得到上级政府以及公众的支持。村民在环境治理过程中从最开始的被动执行者转变为后来的主要行动者，一方面是对制度进行自我理解与自我消化，并适当调整制度；另一方面则是利用制度转化来创造符合自身利益的一些制度机制，以最小的成本来执行上级政府制度并满足自身内在的利益诉求。只有当政府与村民两者的利益诉求达到一个平衡点时，才有可能实现垃圾分类机制的建设与村民垃圾分类行为的塑造。

从地方政府主导型环境治理机制转向政府引导、村民参与、市场模式相结合的多元主体参与的治理机制，反映了农村生活污染治理与农村社会的社会结构、社会关系、地方文化以及市场机制调整相结合，实现更加精细化、有效化、准确化的治理目标。分析其背后的逻辑，可以发现，这是地方政府在农村环境治理过程中逐渐意识到随着环境治理阶段的深入，相应的治理手段与应对策略需要进行调整。在村庄自组织逐渐发育与市场机制成长的背景下，地方政府开始利用当地农村的自组织和专业市场技术与管理方式来推进农村生活污染治理，实现政府、村民与市场三者相协调与合作的环境治理共同体。这种农村生活污染治理机制转变起因于地方政府主导型环境治理机制存在着成本高、成效差、矛盾多等一系列弊端，地方政府试图在政府主导型环境治理机制下对已有的农村环境治理做出一些调整与改变，把一些功能转移给村庄与市场，不仅摆正了自身环境治理的角色，而且也促进村民、企业积极参与农村环境治理，探索出一条符合农村社会特点的环境治理路径。

第七章　机制演变：从“重视治理”走向“有效治理”

当前，农村生活污染治理遭遇到一种结构性的困境。一方面，农村生活污染问题依然十分普遍，大部分农村仍没有开展相应的环境治理工作，这与农村公共资源的缺乏有着直接联系。面对这样一种现代性问题，农民运用传统社会时期的生产生活方式难以应对日趋严重的生活污染。所以，以政府为主导的环境治理引入农村社会十分必要，但由于政府财政资源并不充裕，环境治理的引入对农村来说更像是一种社会资源的竞争，从而导致地方政府在农村环境治理方面占据着绝对的主导，村庄在资源与权利面前失去了应有的参与权。另一方面，从已开展农村生活污染治理的村庄来分析，政府主导型的环境治理在缓解农村生活污染状况的同时，也带来了成本过高、资源浪费、治理持续性差、影响生产生活等问题，造成环境治理效果大打折扣。从而，出现了农村环境治理资源短缺与环境治理过程资源浪费之间的内在矛盾。

从长三角地区尤其是浙江省的长期调查与观察情况来分析，农村生活污染治理机制已经开始发生变化或者说存在不同类型的治理机制。第一，政府主导型环境治理机制依然是普遍也是主要的治理机制。面对现代性的侵袭，中国农民缺乏足够的应对措施来治理生活污染，甚至在一定程度上村民自身也变得更加经济理性化，缺乏对环境公共问题的关注。政府主导型环境治理机制在为农村提供各类公共物品的同时，也把政府管理制度裹挟进去，忽视了农村社会本身的复杂性，容易出现一系列负面影响。第二，在政府主导型环境治理的背景下部分农村尝试融入本地的一些做法，尤其是对一些地方精英领导力强、村庄集体凝聚力大、集体经济实力强的村庄来说，更容易与地方政府进行多方位的博弈，形成一种更具有本土化特点的环境治理机制。

正如埃莉诺·奥斯特罗姆（Elinor Ostrom）所说，不存在“万能药”的问题，一些实际的管理系统（governance system）的运行是最有效的，它们适应生态状态的多样性，存在于渔业、灌溉系统、牧场和社会系统中。尽管彼此之间的差异很大，但是实际运行的管理系统反映了这些差异。在一些地方，人们可以自发组织管理环境资源，但是我们不能因此简单地说社区是或者不是最好的，政府是或者不是最好的，市场是或者不是最好的，它依赖于我们正在努力解决的问题的自然状况[①]。在此，笔者认为，这种治理机制的选择不仅受自然状态的影响，也同样受社会状况的影响。所以，笔者想探究的是，在什么样的自然和社会状况下会产生多元主体互动型的环境治理机制，对地方政府和农村社会有哪些方面的具体要求？

第一节 不同环境治理机制之间的比较

诚然，在农村生活污染治理过程中并不存在“万能药”式的环境治理机制，而是需要根据具体的自然状态和社会状态来进行合理的选择，但相应的治理机制之间可以做一些比较与分析。通过制度之间的比较，更好地掌握不同类型环境治理机制之间的差异以及改变相应的条件来促进治理机制的转向。

从白家村和里家村的研究案例中，可以看出政府主导型环境治理机制是一种“外源型”环境治理，是地方政府基于强制力保障介入农村社会的公共事物中，通过行政、法律、经济等治理手段来应对农村现代化过程中出现的生活污染问题。从案例中可以看出，地方政府介入白家村和里家村的生活污染治理都是以“项目制”方式来推进，通过项目立项、实施和验收的操作程序来开展生活污染治

① 埃莉诺·奥斯特罗姆，2015. 公共资源的未来：超越市场失灵和政府管制[M]. 北京：中国人民大学出版社，37-38.

理过程。项目制不单指某种项目的运行过程，也非单指项目管理的各类制度，而更是一种能够将国家从中央到地方的各层级关系以及社会各领域统合起来的治理模式①。农村环境治理项目制的推进，不仅是地方政府对生活污染进行财政、技术、监管方面的投入，更是建立了一整套以地方政府为核心的环境管理制度。以治理白家村农家乐旅游产业的生活污染治理而言，地方政府在项目推进过程中建立起日常管理、考核与监督的一整套制度，如果村庄在日常生活污水治理过程中违反了地方政府的环境治理机制，村干部就会受到考核上的压力以及今后政府财政项目支持力度的影响。

但是，这种政府主导型环境治理具有内在的结构性缺陷。以地方政府为主导环境治理机制以外部介入的方式进入农村生活污染治理领域，存在着与农村自然地理、社会状况不契合的问题。按照洪大用的理解，现行环境治理所具有早生性、外生性、形式性和脆弱性等特征，都是导致环境治理机制失灵的重要原因，同时，他还指出，中国迄今为止的环境治理模式依然存在着内在的、结构性的缺陷，即治理主体的不完善。现有的环境治理主要是依靠政府推动的，公众作为环境治理的重要主体没有受到切实的重视，公众自觉参与环境治理还非常不足，同时面临着诸多条件与机会的限制②。王芳也认为政府自身在环境管理职能上的某些错位和越位，使得其在这一过程中往往容易出现在两个“维度”上的失灵。一个维度是“不需要政府干预时的干预”，另一个维度是“需要政府干预时的不干预”③。这也折射出政府主导型环境治理机制无法准确地把握环境治理过程中的各个环节和步骤，缺乏治理主体的完整性。

如果把政府主导型环境治理放到中国政府环境管理结构中来分析则显得更加复杂。地方政府在开展环境治理时不仅要面对一系列具体的环境治理事务，同时还与中央政府进行博弈实现自身利益的

① 渠敬东，2012. 项目制：一种新的国家治理体制［J］. 中国社会科学（5）：113-130.

② 洪大用，2008. 试论改进中国环境治理的新方向［J］. 湖南社会科学（3）：79-82.

③ 王芳，2009. 结构转向：环境治理中的制度困境与体制创新［J］. 广西民族大学学报（哲学社会科学版）（4）：8-13.

最大化。荀丽丽在内蒙古生态移民的研究中指出，自上而下的生态治理脉络中，地方政府处于各种关系的连接点上，其集“代理型政权经营者”与“谋利型政权经营者”于一身的“双重角色”，使环境保护目标的实现充满了不确定性[①]。冉冉通过研究发现，以指标和考核为核心的压力型政治激励模式在指标设置、测量、监督方面存在着制度性缺陷，导致地方政府官员将操纵统计数据作为地方环境治理的一个捷径，造成政府在环境治理上的公信力流失，这是地方环境治理失败的根源之一[②]。针对这类问题，她提出，在短期内调整以干部考核指标为主的政治激励，鼓励地方政策执行者致力于环境治理之外，还需要更多长期、制度性的支持性投入[③]。而从实际的环境治理结构来看，除了政府环境管理结构内部需要调整相应的制度与机制之外，还可以从环境管理结构之外来完善政府治理机制，例如，引入环境治理的多元主体，避免政府单一主体出现的行政不作为、乱作为等问题。

基于一个农村社区层面的多元主体互动型环境治理机制是在地方政府、村庄、市场与社会组织等主体不断互动过程中形成的。这种多元主体互动型环境治理机制仍是以地方政府为主导环境治理机制下不同主体相互博弈、协调与合作的动态结果。在里家村生活污水治理案例研究中，可以看到村庄在地方政府主导的环境治理机制下遇到了农业生产上的阻碍，而内发于村庄内部的环境治理机制不仅融合了地方政府的环境治理要求，也解决了农民农业生产缺少农家肥的问题。里家村根据村庄自有的社会结构特点对地方政府环境治理机制进行了有效的调整，避免了政府主导型环境治理机制脱离农村自然条件与社会状况的实际。在陆家村生活垃圾分类案例研究

① 荀丽丽，包智明，2007. 政府动员型环境政策及其地方实践：关于内蒙古S旗生态移民的社会学分析 [J]. 中国社会科学 (5)：114-128.

② 冉冉，2013. “压力型体制”下的政治激励与地方环境治理 [J]. 经济社会体制比较 (3)：111-118.

③ 冉冉，2015. 道德激励、纪律惩戒与地方环境政策的执行困境 [J]. 经济社会体制比较 (2)：153-164.

中，村庄与地方政府之间的互动更为频繁且在一定程度上引入了供销社等市场回收机制，最终形成了符合地方政府、村庄、市场等主体要求的垃圾分类制度，不仅有效解决了农村生活垃圾处理的问题，还进一步避免政府主导型环境治理机制成本过高、资源浪费、治理成效不明显等弊端。

多元主体互动型环境治理机制在农村生活污染治理过程中具有独特性。按照埃莉诺·奥斯特罗姆的“多中心治理理论”，多中心的概念理解为许多带有自我组织，有时还拥有重叠特权的决策中心的共存。它们中的一些组织在不同的规模，在一定的规则之下运行。多中心的运行不是无政府状态，决策中心之间的相互作用在事前制定的规则下完成①。它是有限自治的区域，在地方一级上，创造一种有利于建立信任的激励结构，同时也创造一种有利于更好解决问题的多样化环境。这些解决方案不容易受到干扰，作为系统的一部分的力量可以帮助克服另一部分的弱点②。王晓毅在草场管理开展研究时，发现一刀切的草原政策和村民被排除在政策的制定和实施之外是导致草原退化的重要原因，也是草原恢复保护政策难以实现其预期目标的原因。他通过实验指出，村民参与的协商和规划是解决这个问题的有效途径，应鼓励村民参与和发挥村民集体行动的能力作为环境保护政策的核心③。闫春华在草原生态环境治理过程中引入互动式治理框架，认为地方主体在双向互动中完成的环境治理工作摆脱了压力型体制下地方政府环境治理困境和工作低效的难题，扩展了政府主导单一角色的治理困境，实现了环境、经济与社会效益的共赢④。从浙江省几个农村的调查情况来分析，当前多元主体互动型环境治理机制是基于政府与村庄这两个主体之间的互

①② OSTROM E，1999. Polycentricity，Complexity，and the Commons [J]. Good Society，9 (2)：37-41.

③ 王晓毅，2009. 互动中的社区管理：克什克腾旗皮房村民组民主协商草场管理的实验 [J]. 开放时代 (4)：36-49.

④ 闫春华，2018. 环境治理中“地方主体”互动逻辑及其实践理路 [J]. 河海大学学报 (3)：43-48.

动，再加入一些市场主体的配合过程，最终形成了政府与村庄主体均衡、协调的环境治理机制（图 7-1）。在多元主体互动型环境治理机制的形成过程，政府与村庄之间关系动态变化、反复协调，同时，在村庄内部村干部与村民之间的关系也会根据环境治理机制的变化而变化，促使环境治理机制朝着各主体都满意的方向进行完善。

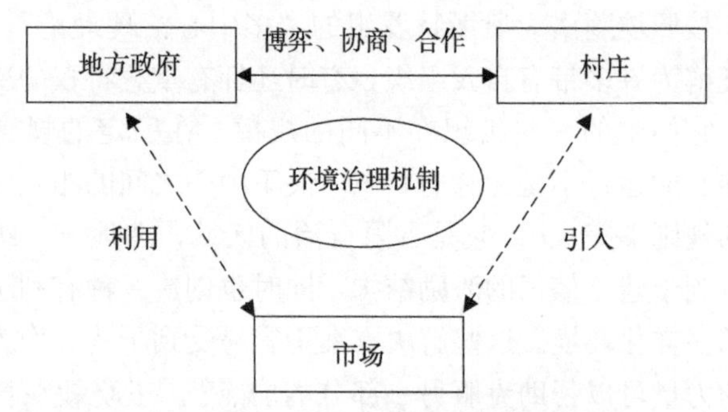

图 7-1　多元主体互动型环境治理机制构架

但是，通过对长三角地区长期的实地调查与深入分析，多元主体互动型环境治理机制的形成与多中心治理理论有着两点不同。第一，政府主导力量下的多元主体互动的背景。如何培养地方政府与村庄之间的互动关系需要地方政府转变自身的角色、村庄集体形成一致性行动方式。第二，中国农村社会复杂的社会结构与社会关系的影响。在农村生活污染治理过程中，离不开村庄集体的支持与共同治理，这需要村民能够在村庄内部就形成比较统一的集体行动。在现代化过程中，农村社会的集体行动力已有很大退化，村庄原子化程度不断提高，所以需要通过修复与创造新的社会关系来维持村庄内部的凝聚力与社会关系网。此外，以各类地方精英为组织者来带领村民参与农村生活污染治理至关重要，一方面，地方精英是农村社会的引导者，能够合理、有效地领导村民参与村庄公共事物的开展；另一方面，在地方精英的带领与组织下，有助于实行村庄内部的社会规范，有效规范村民的日常行为且利于监督，避免政府主导型环境治理机制的“华而不实”的问题。

基于对三种环境治理机制类型村庄的实地调查与理论分析，从“村民的视角”来判断各类环境治理的有效性与持续性，并对不同制度存在的问题和不足进行归纳（表 7-1）。

表 7-1　农村生活污染治理过程中不同类型环境治理机制的特征比较

治理类型	主体	治理方式	制度类型	持续性评价	存在问题
政府主导型	地方政府	规制	正式	弱	适应性差、成本高、村民参与度低
村庄内发调整型	地方政府、村庄	调整	非正式	中	资金、资源缺乏
多元主体互动型	地方政府、村庄、市场等	协商	正式	强	协商时间长

从不同治理机制的比较与分析中可以看出，基于多元主体互动型环境治理机制在农村生活污染治理过程中更具有治理优势与环境适应性。但这并不是一种绝对的状态，正如埃莉诺·奥斯特罗姆所说，没有一种“万能药”式的环境治理机制来适用于所有的环境问题或资源管理。因此，可以这样说，正是具备了相应的管理条件与社会机制，多元主体互动型环境治理机制才具有生长的“土壤”和空间，形成了一种符合地方政府和村庄需求的环境治理机制，切实有效地控制住农村生活污染的影响。

随着农村生活污染治理阶段的不断推进和村民对生活环境需求的不断提高，全社会对农村生活污染治理的要求也在提升。正是农村环境治理精细化、准确化、有效化的要求不断提高，大部分农村环境治理机制也在不断演变，从地方政府主导型转向多元主体互动型环境治理机制将成为一种必然趋势。从现有的农村生活污染治理机制的建构来分析，无论是地方政府还是当地村庄、市场机制等，都得具备相应的治理理念与治理机制才能够为多元主体参与互动型环境治理机制的建构创造相应的实践基础。

第二节 地方政府角色的转变

在多元主体互动型环境治理机制建构过程中，地方政府角色的转变是重要的前提条件。政府主导型环境治理机制运行阶段，地方政府在中央政府的政绩考核压力下通过行政手段来推进农村生活污染治理，并通过各类考核方式来管理与监督村庄来具体落实生活污染治理的各项措施。但从农村社会实际情况来分析，这类治理机制并不符合农村社会的实际情况并容易出现一系列负面影响。为建构农村生活污染治理过程中多元主体互动型环境治理机制，地方政府首先需要从治理理念和治理机制上做出调整。

而从实际调查中，我们也发现，部分地方政府已经认识到农村生活污染治理机制转变的必要性。一方面，地方政府认识到政府主导型环境治理机制在农村生活污染治理过程中出现了一系列难以克服的困难与问题，如政府投入成本高、成效低与治理面有限等；另一方面，随着农村环境治理阶段的推进，地方政府也发现农村生活污染问题不能简单地照搬城市治理方式，两者之间的差异性较大，需要采取“城乡分治”的方法来区别对待。

一、环境治理理念的改变

地方政府在农村生活污染治理过程中，逐渐意识到农村环境治理不能简单地套用城市环境治理或工业污染治理方式，不仅难以根治各类生活污染，反而容易造成地方政府与村民之间的对立与矛盾。地方政府已经认识到不同的农村自然环境与社会状况的特殊性，必须立足于农村社会的实际情况，与当地村民、社会组织、企业主体因地制宜地采取措施予以应对。

第一，在自然地理方面，农村社会中人与自然之间的距离更近，且环境呈现多样性与复杂性。从中国传统的农村来看，人与自然之间的联系是比较紧密与和谐的。传统农村社会形成了一整套完善的物质循环利用体系，是一个“有垃圾而无废物”的社会。所以，农村自然环境不同于城市自然环境，它具有较强的自然净化能力，利用适当的生产生活方式能促进人与自然之间形成和谐有序的关系。里家村的生活污染治理案例中生活废弃物与农业生产之间存在着一定的内在联系，利用农村自然环境与农作物生长条件来合理地化解生活污染带来的负面影响，并形成具有经济效益和社会效益的正面效应。另外，农村自然环境复杂性程度更高，环境治理需要区别对待。在山区自然条件下和平原自然条件下的农村在应对生活污染时就可能需要采取不同的治理机制，这是根据不同自然地理条件下的环境净化能力的不同来决定的。

第二，在社会状况方面，农村之间或者农村内部也存在着较大差异。在农村社区中，由于长期以来的自然条件、经济社会、地方文化等方面的发展差异，越来越多的农村形成了独具特色的社会结构与社会关系。以白家村案例来分析，从事农家乐产业的农户与普通农户在生活污染治理方面就存在着截然不同的心态。农家乐经营户认为地方政府通过项目治理来有效地处理生活污染，提高了当地的生态环境质量，有助于进一步吸引游客来当地游玩。而普通农户则认为地方政府开展的生活污染治理损害了自身的利益，原来可以被利用的农家肥都被作为环境污染源来进行处理，日常农业生产活动受到了一些影响。地方政府在开展农村生活污染治理之前需要对农村社会状况有一个整体性的理解，脱离农村社会现状来“自上而下”地推行生活污染治理机制，不仅容易遭受来自农村社会有机体各方面的阻碍，而且生活污染治理也可能出现“治标不治本”的问题。

第三，农村生活污染分布具有一些自身的特点。改革开放以来，随着工业化的不断推进，在城市周边以及工业园区内工业污染不断加重，各类工业污染成为城市环境治理的主要问题。工业污染是典型的“点源污染（point pollution）”，污染源相对来说是比较固定，呈现点状分布规则，可以确定污染源的来源。但是，农村生活污染的分布状况与城市工业污染截然不同。农村生活污染呈现“面源污染（no-point pollution）”特征，分布面较广、来源不确定，从环境治理角度来看，面源污染治理更难，难以针对一些具体的环境污染点来进行整治。这一点与城市生活污染也有差异，城市居民生活地域比较集中，从环境治理上来说更容易管理，但是，农村社会村民分布不一定集中，分布面有可能很广泛，环境治理的难度更大。

第四，农村生活污染危害也有自身特点。农村生活污染呈现累积性污染的特征，危害影响面较广，程度没有工业点源污染那么严重，而且环境污染表现得比较隐蔽，难以被农村居民所意识到。工业污染危害具有短时性、污染剧烈与容易感知等特点；农村生活污染的危害表现为隐蔽性、污染周期长与不易被感知等特点，周边水环境、土壤环境的不断恶化，进而影响到农村居民的生产、生活，且环境污染出现是长期农村生活污染累积所导致的。从污染的直接原因来看，农村生活污染则与生活在农村社会中的每一个个体都有联系，每个村民不恰当的生活行为都在为农村生活污染做出“贡献”，如不能有效地提高村民的环境意识、改善村民的环保行为，农村生活污染将难以根治。

地方政府只有对农村生活污染产生的自然条件、社会状况以及污染特点与危害有了全面的认识，才能树立起正确的农村生活污染治理理念。在开展农村环境治理过程中，地方政府需要立足于农村环境污染的现状来进行决策、组织与实施，才能够出台符合农村社会的环境治理政策与制度。以陆家村垃圾分类为例，在最初阶段，地方政府出台的垃圾分类制度基本上是按照城市垃圾分类处理方式来制定，表现为环境治理理念的一种固化。但随着环境治理阶段的推进，地方政府逐渐认识到城乡环境问题与环境污染之间的差异，完全用城市治理方式来应对农村环境问题难以行得通，开始转变已有的“套用”城市治理方式的理念。

二、环境治理机制的调整

与地方政府在农村生活污染治理理念转变相比，环境治理机制的调整则是促进多元主体互动型环境治理机制形成更直接的因素。

从农村生活污染治理的前端设计、日常运行与管理等方面都需要全方位、全流程地进行考虑，把农村生活污染治理问题放入农村社会的背景下来进行考虑与分析。

第一，立足于农村社会，探索符合农村自然、社会与文化特征的环境治理机制。在农村生活污染治理机制设计阶段，地方政府需要把农村社会的社会状况纳入进来，避免把农村社会结构与社会关系等排出环境治理机制的范畴之外。在里家村生活污水治理过程中，当地政府没有进行前期的考察与分析，只是按照区域范围内农村生活污水治理的一般性治理机制来进行治理。最后的结果却是，生活污水治理项目与治理机制并不能满足农民的需求，造成有限的政府资源被浪费，甚至还导致地方政府与村庄之间出现矛盾。

在制度设计阶段，就需要把村庄主体纳入地方政府的环境治理机制中去，避免出现“一刀切”的问题。在“地方政府＋农村社会”的思维框架下来设计生活污水治理机制，一方面，可以把村民的一些需求与意见纳入环境治理机制中去，提高地方政府的管理效率，减少治理机制在实际运行中的不适应性；另一方面，从成本节省角度来看，立足于村庄的污染治理机制有助于减少环境治理成本，达到集约化、精细化、有效化治理的目标。

第二，改变现有的农村生活污染治理策略，注重引导与组织村民积极参与环境治理。贺雪峰对农村转移支付研究中指出，需要在基层将农民组织起来，让农民参与到国家转移支付的需求偏好的表达之中。一方面，国家向农村转移资源，但这种转移不只是要搞扶贫和慈善，而且要提升农民的组织能力和对接国家资源的能力；另一方面，农民也只有通过一定的组织平台才能有效对接国家资源，真正让国家资源发挥为农民生产生活提供最大效益服务的功能①。同样，在农村生活污染治理过程中，通过提高农民自身的参与程度，不仅有助于提高生活污染治理的效率，还能够进一步体现农民在农村公共事务中的主体性。从农民自身角度来看，

① 贺雪峰，2017. 治村［M］. 北京：北京大学出版社，133.

长期生活在当地农村，无论是自然地理条件、村庄社会状况还是各类地方文化都比较熟悉，能够找到一条符合村庄社会实际的环境治理途径。

结合地方政府“自上而下”的行政管理与村庄“自下而上”的调整，融合两者各自的优势来共同应对农村生活污染。陆家村生活垃圾分类处理过程中，地方政府虽然制定了一些垃圾分类的管理条例与规范，但由于不掌握农村垃圾分类的实际状况也难以真正实施起来，正是借助于陆家村当地村民自身的探索与尝试才逐渐建立起一整套有效的垃圾分类制度。在这一过程中，村庄不仅利用了地方政府的环境治理机制来引导村民开展垃圾分类，同时也根据村民自身的实践不断调整垃圾分类制度的各项内容，提高相应的适用性。

第三，引入村庄自发管理的机制，降低农村生活污水的治理成本。当前农村生活污染治理面临着资源短缺的现实困境，农村地区环境保护力量薄弱，缺少机构、人员、技术、经费等，引入当地村庄在生活污染方面的管理机制，有助于提高农村环境治理的效率。以陆家村生活垃圾分类案例来分析，如果完全依靠地方政府的行政管理力量来对村民的日常垃圾分类行为进行监督与管理，那势必会是一大笔管理经费，增加地方政府的日常行政开支。陆家村通过在村庄内部建立一整套生活垃圾分类日常管理机制，不仅减少了相应的行政管理成本，也有助于村民自身养成良好的垃圾分类行为。

地方政府应善于利用村庄社会资源来加强农村生活污染治理。农村社会是一个“熟人社会”或“半熟人社会”，基于人情、面子或关系的社会资本对于个体行为的约束在某种程度上比行政管理更有效。地方政府可以充分结合农村社会的社会结构与社会关系来形成“行政管理＋村民监督”的日常管理体系，减少行政成本的开支并降低与村民出现矛盾的概率。在陆家村生活垃圾分类治理的日常管理机制中，从地方政府到村干部、党员或村民代表到普通村庄之间形成了“行政管理体系”与“村庄管理体系”的有效衔接，减少了村民违反垃圾分类制度的现象。

第三节 村庄社会基础的发育

在多元主体互动型环境治理机制形成过程中，除了地方政府需要转变自身的角色之外，农村社会基础的成熟则起到了至关重要的作用。随着农村现代化与市场化程度的推进，农民个体主体性意识不断增强，具有表达个体权利的强烈愿望，但农村熟人社会的社会结构与社会关系则因理性文化的冲击而逐渐弱化，村庄的集体行动力逐渐下降，农村社会的组织能力与发育程度难以形成村庄参与环境治理的社会基础。当前面临的主要问题就是如何有效地修复与创新农村社会的各类社会关系与完善相应的社会结构，促进农村社会在生活污染治理过程中能够建立村庄参与机制，实现多元主体互动型环境治理机制的建立健全。

结合实地调查与理论分析，农村社会基础可以从村民主体性表达、地方精英的引导与组织、村庄集体经济的壮大、村庄社会关系的重塑这些方面来进行理解，构建一个稳固的农村社会基础是实现农村生活污染多元主体参与治理的重要社会条件。

一、村民主体性的表达

每个个体都希望自身所处的生活环境能够越来越好，那究竟谁拥有判断周边环境好坏的决定权。按照政府主导型环境治理机制的执行路径，政府作为环境管理者成为环境状况的主要决策者，但从技术、公众的角度来看，这种单一的治理主体决定方式不够完整。把政府、技术、公众放在一起来考虑，可以比较直观地看出，公众作为环境的主要接触者与体验者，是比较恰当的选择。这在很大程度上是公众（村民）直接受到周边环境影响，与环境之间更近一步的关系所决定的，是环境治理的重要主体。从理论上来分析，日本学者作田启一认为，现代社会中人们大致按照以下 3 个行为准则行事。他将 3 个准则分别命名为重视有效性（效率性）的“有用准则”、重视价值的“原则准则”及重视与其他生命共鸣的“共感准则”。政府主导型环境治理机制注重的是效率性第一，同时兼顾社会共有的价值观。这相对于作田所说的“有用准则”和“原则准则”。而“共感准则”虽然还有待于今后的实践，但从现状来看，从政府作为官僚机构的性质上来看，采纳起来是比较困难的[①]。从作田启一所阐述的“共感准则”来看，对搞好地区环境来说是非常重要的。与业务上将“有用准则”作为第一要务且适当考虑“原则准则”的政府不同，居民是居住在当地的“当事者”，他们没有官僚的机构性约束。他们强调的是“共感准则”的自由。并且，他们也有重新认识居民自身共同价值观的“原则准则”的自由。从这个意义上讲，居民要发挥的作用是很大的，应该对居民的感性和价值观给予强烈的期待[②]。

结合实地调查案例来分析，在适当的条件下绝大部分农村的居民都具有表达自身主体性的愿望。例如，陆家村村民在地方政府开展生活垃圾分类处理过程中没有简单按照政府出台的规定来执行，他们认为农村社会从集体化时期就有村庄垃圾分类的习惯和特点，不能简单地“套用”城市垃圾分类的可回收、厨余、有毒有害与其他垃圾，而是需要根据农民日常的生活方式分为“可腐烂”和“不可腐烂”两大类垃圾。这对于农民群体来说更容易接受也更便于在日常生活中开展垃圾分类。正是农民自身对生活垃圾分类有不一样的理解，才能够对地方政府的一些环境治理机制提出不同的意见与建议，促使农村生活污染治理朝着符合农村社会发展规律的方向迈进。

从中国农村生活污染治理的趋势来分析，农民主体性表达（公众参与）越来越成为制定环境治理机制的重要组成部分。一是从相关的环境政策与制度内容来看，公众参与已经成为环境治理的重要组成部分，是表达村民的环境治理主体性的重要体现。例如，2017年出台的《农村人居环境整治三年行动方案》指出，需要发挥村民

①② 鸟越皓之，2009. 环境社会学：站在生活者的角度思考［M］. 北京：中国环境科学出版社，63-64.

主体、激发动力的目标。能够尊重村民意愿，根据村民需求合理确定整治优先顺序和标准。建立政府、村集体、村民等各方共谋、共建、共管、共评、共享机制，动员村民投身美丽家园建设，保障村民决策权、参与权、监督权。二是部分村庄已经开始尝试在农村生活污染治理过程中融入村民的建议与意见。在环境治理的实践过程中，地方政府发现完全脱离当地村民的参与可能会导致环境治理工程遭遇失败。这种失败对地方政府来说意味着前期大量的投入难以实现预期的环境治理效果，甚至可能导致地方政府与村民之间出现对立的矛盾等。而把村民的意见纳入生活污染治理，可以在环境治理前期就减少一部分社会矛盾与社会问题，有助于环境治理机制的推行。三是公众的环境意识已经达到相应的高度，具有参与公共事物的积极性。随着现代化进程的不断推进，公众的教育水平、权利意识与参与意愿得到了一定程度的提高，面对一些公共事物的治理具有一定的参与积极性。在现代网络媒体的广泛宣传与引导下，公众被引导与组织参与的可能性进一步提高，为全社会创造了良好的公众参与的氛围，也为农村生活污染治理提供了多元主体互动参与的社会环境。

二、地方精英的引导与组织

在农村环境治理过程中，村民的主体性表达需要通过适当的组织方式与行动途径才能实现，否则，各村民主体之间的差异性有可能超越主体性，导致村民主体性的行使难以真正实现。地方精英作为农村社会中的重要人物与村民代表，一直以来在村庄公共事务方面扮演着重要角色，能够领导与组织村民共同开展一系列公共事务，减少村民内部之间的差异与矛盾。

地方精英在农村社会中拥有相对较多、较广的经济、政治与社会资源，几种资源可以相互补充与加强，在领导与组织村民参与村庄公共事务治理过程中有着重要作用。按照罗家德等人的观点，社区精英“往往是一个既定社会网的中心人物”，是农民自组织的核心与关键[1]。地方精英通过自身所掌握的各种资源来整合村庄内部的各类资源，以个人权威、经济合作社、村民理事会等方式将村民聚合起来，加强村民之间的凝聚力与团结程度，形成农村社会的共同体。与此同时，地方精英自身也具有维护自身利益与村庄利益的双重需求，从村庄社会的整体性程度来分析，地方精英通过领导与组织村民，能够有效地实现组织利益和成员个人利益的最大化。而且，在组织村民形成整体利益过程中，地方精英为了实现村庄整体利益的最大化付出了更多的时间和精力，将会获得更高的社会地位和更多的个人价值。

结合实地调查来说明地方精英在村庄公共事物中的重要作用。陆家村生活垃圾分类处理开展过程中，当地村党支部书记楼先生自己长期从事各类物流生意、见多识广，不仅为村庄的发展争取到更多的资源，而且在村庄内部也具有很高的个人威望，方便组织村民开展一些公共事务。正是楼先生具有这种承上启下、统领村民的关键性作用，地方政府在开展农村生活污染治理过程中需要听取村干部的意见，同时，村民也会因为信任村干部给村庄、村民创造更多的价值和更好的环境，才会主动参与村庄生活污染治理过程中去。从楼先生自身的角度来说，个人的领导与组织能力能够得到地方政府的认可和当地村民的信赖，这对于自身来说就是社会地位和个人价值的一种体现。

地方精英的领导与组织方式可分为个人权威影响与组织载体联结。一是从个人权威影响来看，地方精英作为农村社会内部的少数精英分子，在经济、政治、社会等某些方面具有特殊资源，能够帮助村民解决日常生产生活中遇到的困难与问题。正是基于地方精英所掌握的资源条件与社会影响力，更容易影响村庄范围内的村民，促成地方精英对村民个体的权威影响。二是地方精英一般都会在村委会等村庄组织内任职，善于利用组织载体来引导与组织村民参与

① 罗家德，孙瑜，谢朝霞，等，2013. 自组织运作过程中的能人现象［J］. 中国社会科学（10）：86-101.

一些公共事务。例如，通过村集体经济组织、农村经济合作社、农村水利协会等来组织村民，从而形成一个具有较高组织协调能力的村庄共同体，具有进一步提高村庄整体凝聚力的社会功能。

三、村庄集体经济的壮大

集体经济是开展村庄公共事务的重要基础。随着农村环境治理阶段的推进，村民个体主体性的表达越来越强烈，通过地方精英的领导与组织形成了组织化的集体行动力，但在公共事务治理过程中离不开集体经济的支持。集体经济是支撑村庄公共事务治理的财力支持，也是动员与组织村民参与公共事务的影响因素，是保障农村环境治理得以开展的基石。正如贺雪峰所言，依据村集体掌握经济资源的多少，将作为强制实施的村民自治制度实践后果的民主化村级治理①。在集体经济较强的村庄，村庄的公共事务治理相对容易展开，因为这类村庄拥有大量可供支配的经济资源，而具有较强的提供公共工程和公共事业的能力，较容易维持村庄的整体秩序。在村集体经济比较强的村庄，大部分村民可以不顾少部分村民的反对决定资源如何分配与使用，村干部可以利用集体经济建立在公共事务治理中的奖惩机制。即使少部分村民可能不支持一些村庄内公共事务治理的做法，但却不得不考虑个体在经济利益方面的得失。因此，村庄集体经济在很大程度上支撑着一个村庄自治的程度，集体经济能力强的村庄往往在村干部等地方精英的引领与组织下可以实现村庄自治与村民主体性表达，达到一系列公共事务治理的目标；相反，对一些集体经济较弱的村庄来说，可能在村庄公共事务治理过程中容易陷入困境，很难形成村庄集体行动能力。

集体经济较强的村庄仍然是少数，主要来源于一些集体土地的收入。从中国农村集体经济收入情况来分析，村庄集体经济总体是比较薄弱的，据学者估算，可能只有10%村庄具有较强的村庄集

---

① 贺雪峰，何包钢，2002. 民主化村级治理的两种类型：村集体经济状况对村民自治的影响［J］. 中国农村观察（6）：46-52.

体经济，90%村庄缺乏集体经济来源。改革开放之后，随着家庭联产承包责任制的实行，大部分农村开始“分田到户”实行“单干”，这个过程把村庄集体土地承包到户，但能够保留村集体公共土地却很少或者重新从农户手中收回一部分土地，同时，很多村庄把一些集体化时期的公共设施也分到户，例如一辆牛车也拆分成车架和车轮进行分配，从集体到户的分配可以说是比较彻底的。随着农村社会的不断发展，村庄公共事务治理缺少足够的经济支持，仅仅依靠政府财政支持来完成公共工程对绝大部分村庄来说是不太可能完成的任务。所以，发展村庄集体经济成为村庄开展公共事务治理的重要经济来源之一。从当前村庄集体经济发展较强的村庄来看，主要是一些在城郊农村或者经济发达区域的村庄，依靠经济发展带来了土地增值，村集体利用土地征用或者建设一些公共设施进行出租来获取村庄集体经济收益；有的村庄则是拥有自身的集体经济产业，通过承包或村集体运营等方式获得相应的经济收益，等等。

结合实地调查和理论梳理，可以发现，村庄集体经济是顺利推进农村公共事务治理的决定性要素。在农村社会，村干部指出“没有钱，什么也干不了”，说的是没有集体经济收益的村庄在发展村庄公共事务过程中缺乏推动力，难以组织村民进行村庄公共事务治理，进而村庄整体发展会遭受进一步限制。相反，具有较强经济收益的村庄，更容易动员、组织村民形成集体行动力，例如在陆家村开展农村生活垃圾分类，设立奖惩措施来激励村民积极参与。这类村庄利用集体经济收益较好地促进了村庄各类公共事务治理的开展与运行，进一步促进了村庄的发展，增加了集体经济收益，形成良性循环。按照当地村党支部书记楼先生的说法，“村里有自己的厂房出租和一些物流生意，每年的村集体经济收入可以达到二三百万元，可以帮助村民全额缴纳医疗保险。”集体经济收益在不同层面反映出不同村庄在公共事务治理方面的差异，进而突显村庄发展过程中如何组织农民行使村庄自治，推进农村环境治理。

加强村庄集体经济收益是各级政府今后需要重视和加强的工作。党的十九大报告提出了乡村振兴战略，其中“深化农村集体产权制度改革，保障农民财产权益，壮大集体经济”是实现乡村振兴的重要步骤。2018年，中共中央政治局审议《中国共产党农村基层组织工作条例》，该《条例》指出要发展壮大村级集体经济，提升党组织凝聚服务群众的能力。随着农村公共事务治理阶段的推进，各级政府意识到要实现农村社会的进一步发展必须发展壮大农村集体经济，从而来保障村庄在各类公共事务治理过程中保持自治性与持续性。因此，在地方政府的外部扶持下，需要结合各村庄的实际情况，利用农村集体土地所有制，通过科学设置集体土地的权利，重新激活村社集体经济，进而将农民组织起来[①]。只有不断壮大村庄集体经济实力，才能更好地夯实农村公共事务治理的基础，为动员、组织村民参与农村环境治理行动提供相应的激励，形成农村环境治理的村庄社会基础。

四、村庄社会关系的重塑

除了村庄集体经济之外，农村社会关系也是村庄公共事务治理的重要社会基础。农村社会是一个基于社会关系的“熟人社会”，个体的行为往往受制于村庄内部的人情、面子、关系等，利用社会关系可以组织与协调村民形成统一的集体行动能力，完成村庄公共事务的治理。农村社会是一个同质性较强的地方共同体，农村社会关系的联系作用与组织效力，得益于农村社会中血缘、地缘、亲缘关系的影响。但这种社会关系也并不是一成不变。改革开放以来，城市化、市场化逐渐渗透农村社会，原有的农村社会也发生了翻天覆地的变化，村庄空心化与原子化程度不断加深，社会关系逐渐削弱，村民之间的各种联系越来越弱化，造成村庄内部村民组织化程度进一步降低。在当前农村社会关系不断弱化的背景下，如何重塑与加强村庄内部的社会关系是增强村民组织化程度与实现村庄自治必须考虑的问题。

---

① 贺雪峰，2019. 乡村振兴与农村集体经济［J］. 武汉大学学报（哲学社会科学版）(4)：185-192.

从农村社会关系的构成来看，包含的内容具有多样性与复杂性，包含血缘、地缘、亲缘、经济利益等关系类型，不同类型的关系又相互交织相互加强，形成关系丛。按照费孝通的理解，熟人社会中的各类关系都是按照“差序格局”分布格局来设立社会结构。在这种社会结构中，以己为中心，向四周扩散出去，形成相应的关系圈，影响着村庄内的每一个个体。在不同的地域、不同类型村庄、不同的文化中，社会关系的类型有着不同的影响方式，且随着时间变化关系也会发生改变与调整。所以，在重塑村庄社会关系的过程中，需要充分结合村庄自身的一些经济、社会、文化等因素来进行综合考量，采取具有针对性的应对机制来重塑村庄内部的各类社会关系，提高村民的组织化程度与集体行动能力。

利用村庄社会组织来重塑社会关系与组织农民参加公共治理是当前部分农村采用的一种方法。由于村庄内部整体的社会关系不断弱化，村民之间日常生产生活的联系则是村庄内的主要联系途径，利用农业合作社、水利协会、趣缘团体等组织来重建农民之间的社会关系是一种比较有效的方法。在陆家村农村生活垃圾分类的调查中，发现当地村庄组织村民开展垃圾分类最先是得益于村庄内的妇女广场舞趣缘团体的动员与组织，利用妇女趣缘团体的社会关系来延伸村内妇女之间的联系，鼓励妇女在家中开展垃圾分类。在此基础上，通过党员、妇女代表联系机制来进一步延伸农村垃圾分类的社会关系网，促进当地村民积极主动地参与生活垃圾分类，形成具有组织化、制度化的村庄集体行动，促进农村生活污染治理方案的落实。与此同时，当地村民还充分利用现代网络社交工具微信和QQ来传递视频、文字和声音信息，进一步巩固与提升了农村社会内部村民之间的关系。

利用党员、志愿者、村干部等来联系普通村民，形成村庄公共事务治理的社会关系网。在农村社会中，通过一些志愿者、党员、村干部等个人能力较强的村民来主动联系村内的村民，形成“以点带面”的社会关系重塑机制，重塑村内公共事务治理的社会关系。从农村社会内部来看，这部分地方精英或者村庄公共事务关注者作为村庄社会关系的重要节点，在重塑农村社会关系过程中发挥了至关重要的组织与联系功能。基于各类地方精英的个人关系网络，来增强村庄内部村民之间的社会关系，比如通过地方精英的联系，村民之间的社会关系能够得以重新修复与进一步加强，有助于组织村民共同参与村庄公共事物的治理。在陆家村生活垃圾分类过程中，最初是按照地方政府在村庄内设定的“区域划分”方法来进行日常管理与监督，即一个党员联系周边7～8户农户作为一个小组来接受管理与监督，但这种划分方法比较僵硬难以有效重塑村民之间的社会关系，也不利于组织村民开展垃圾分类。于是，在村庄自身的调整下，“区域划分”方法改为了“自由组合”的联系方法，即一个党员或代表按照关系的亲疏来与村民自由组织，不仅提高了村民之间的关系紧密度，也提升了村民参与村庄垃圾分类的积极性。

第四节　环境市场机制的建立

如果说地方政府角色转变与农村社会基础的发育是促进农村生活污染多元主体参与治理的必要条件的话，环境市场的建立则是促进多元主体互动型环境治理机制形成的充分条件。从当前农村生活污染状况来分析，很多污染的产生是一个现代化的问题，传统农村生活方式与现代农村生活方式之间出现了“断裂”，导致农民难以有效应对这些突如其来的外源性污染问题。环境市场的出现则给农村生活污染治理带来了新的治理技术、新的管理手段与新的经费运营方式，进一步提高了生活污染的治理效率。

一、可适用技术的出现

结合农村生活污染治理的需求，环境市场不断更新换代新的治理技术，越来越多的可适用技术被应用于农村生活污染治理方面。生活垃圾分类系统、生活污水处理设施、厨余垃圾阳光房技术等新技术的诞生与环境市场的不断健全有着直接联系，同时结合地方政府的环境政策和财政支持与农村自然条件、经济社会、地域文化方面的特征，可以形成一系列卓有成效的生活污染治理手段。

在实际调查案例中，也可以发现技术市场的成熟是保证农村生活污染得以治理的重要前提。在里家村生活污水治理过程中，地方政府主导实施的截污纳管与生活污水集中处理方式并不能满足当地农民农业生产的需求。当地村干部在多次考察与咨询后，找到了一项新型的沼气池发酵技术，不仅克服了传统农村沼气池容易结壳与漏气的缺点，还提高了沼气池发酵的效率，可以把人粪尿、可腐烂生活垃圾和牲畜粪便都进行发酵处理，符合里家村生活污染治理与农村生产生活方式的要求。这一项沼气池发酵技术来源于当地大学专家的引入和专业环保公司的支持，最早是从德国引进的高效沼气池技术。正是由于环境专业技术市场的建立，才有可能在里家村生活污染治理过程中引入相应的治理技术，否则，当地生活污染治理效应要么不符合地方政府的环境治理标准，要么就难以满足当地农民自身的需求。

随着越来越多的企业与社会组织加入农村生活污染治理工作中，环境治理技术市场逐渐活跃起来。在地方政府、村庄组织的重视下，农村生活污染治理的市场盈利空间不断增大，尤其是需要利用市场机制引入一些专业处理技术来应对多样化、复杂化的生活污染问题。以生活污水处理为例，随着环境治理市场的不断扩大，生活污水处理技术也在不断细化与提升。由于农村生活污水主要来源于家庭厨房、厕所排水、洗浴用水以及畜牧业用水。生活污水中含有大量有机物，以氮磷化合物为主；生活污水排放呈现间歇性排放特点，波动情况比较明显；生活污水排放量具有累积性特征，且排放总量较大。同时，结合农村社会的设施建设落后、资金不足、缺乏规划等实际情况，当前相应的生活污水处理技术主要有人工湿地处理技术、稳定塘处理技术（菌类与藻类处理）、一体化成套设备处理技术、超声波污水处理方法等。利用一些新技术来处理生活污水，有效地提高了污水处理效率，降低了处理成本与缓解农村环境污染状况。可见，在环境治理技术市场化方面的不断成熟，更加有利于企业与社会组织推进环境治理技术的更新换代，产生各类符合地方政府治理标准和农村社会需求的新技术，提高环境治理技术的可使用性。

二、市场配置方式的融入

除了生活污染治理可使用技术的更新换代之外，环境治理市场配置方式的融入与运行也是推进农村生活污染治理多元主体参与的重要条件。例如，当前很多农村地区开始利用PPP市场模式来运行日常农村生活污染治理方面的一些日常工作，把一些原本需要地方政府和村庄自身来承担的具体工作由外包企业或组织来执行，进一步提高了农村生活污染的治理效率。

在陆家村生活垃圾分类过程中，就雇用了相应的环保企业来参与垃圾分类。一是在生活垃圾收集过程中，当地政府和村庄就引入了专业的环保公司来承担村庄内的垃圾清运工作。全村的垃圾清运由企业来承担，每天分为上午和下午两次，需要两个清洁工来进行收集与运输。企业雇佣的清洁工则是本村人，不仅熟悉村庄的道路交通状况，还有利于利用熟人社会的人情、面子与关系来监督村民开展垃圾分类，但工人的管理工作则由企业来开展与执行，提高了日常管理工作的效率。二是在可回收垃圾部分的回收过程中，陆家村也引入了市场机制来提高回收率。按照当地宣传工作人员的说法，普通农户首先会主动地把一些常见市场需要的可回收物品收集起来出售，例如，一些塑料瓶、硬纸板、易拉罐等，通过回收废品的市场机制就可以交易。但是，对于一些不具有很高市场回收价值的塑料袋、铁质易拉罐、玻璃瓶等可回收物不容易被回收废品人员回收，容易被当作废物进行处理。当地引入了供销社的市场回收体系，回收一些常见市场不能回收的废物来提高生活垃圾的分类效率。

经过几年的发展，农村生活污染治理的市场配置方式变得越来越成熟，实施与推广的程度也越来越大。与传统的政府行政管理机制相比，利用市场配置方式在治理农村生活污染过程中具有较高的效率，减少地方政府、村干部村民的工作量解决地方政府和村民自治组织难以应对与解决的环境治理技术、成本与日常运维方面的问题。为进一步提高市场配置的适用程度，地方政府需要出台政策来予以支持，有助于形成更为成熟的农村生活污染治理的市场配置机制。开展农村生活污染治理过程中，地方政府需要进行协调，以“项目打包”方式配套解决农村生活污染治理问题，把一些盈利性大的工程项目与生活污染治理项目一起打包给企业进行运营。或者，以地方政府兜底的方式，保证企业在农村生活污染治理项目上获得最低的盈利，促进企业积极参与农村生活污染治理。在农村环境治理领域逐步引入 PPP 模式，利用制度建设来推动多元化的治理，结合价格机制和政策调控，努力推动专业化、市场化运作。采用市场化运作、企业化管理在农村生活污染治理中发挥作用，通过政府购买服务让企业能够发挥出专业化治理的作用，探索一条符合现代农村生活污染治理的市场化新路径。

三、市场法律规范的健全

除了市场机制的配置优势与专业技术手段之外，环境治理市场的法律制度的健全也是促使农村生活污染治理不断深化的重要保障。

随着农村生活污染治理市场的不断扩大，地方政府与社会资本合作项目（PPP）越来越普遍，相应的市场机制的规范也在逐步健全，促进农村生活污染治理的整体合作机制的完善。以近期财政部出台的《政府和社会资本合作项目绩效管理操作指引》为例来说明。为规范政府和社会资本合作项目（PPP）全生命周期绩效管理工作，提高公共服务供给质量和效率，保障合作各方合法权益，制定相应的法律规范进行有效管理。该《操作指引》从项目绩效监控、绩效评价、绩效管理等方面来进行规范，对政府、企业及其他经营者的各项工作都做出了明确的规定。为相应的市场合作项目的推进与运行设立了运行标准与管理要求，进一步完善了各类合作项目的市场化运行机制。从农村环境治理市场机制来看，正是随着政府合作项目规范的引入，有效地提高了农村环境治理政府、企业与经营者在市场化合作机制中的合作效率与积极性，减少了因法律规范不健全所导致的纠纷与矛盾事件的产生。

埃莉诺·奥斯特罗姆曾提出，公共资源的未来需要超越市场失灵与政府管制①，也即利用多中心机制来促进政府的各级和其他主体之间进行“相互调适”，像市场中的企业那样既是竞争者又是合作者，促进公共资源的管理制度具有可变性。在农村生活污染治理过程中，也存在着一种类似的变化。一方面，农村社会在现代化过程中遭遇到前所未有的环境问题。农民自身在现代化的影响下转变了原有的生活方式，形成了新的消费观念，农村遭遇前所未有的外来工业制品的“入侵”，生活垃圾与生活污水污染日益严重，亟待治理。另一方面，政府主导型环境治理机制的实施虽然缓解了农村生活污染状况，但随着环境治理阶段的不断推进，政府主导型治理机制暴露出越来越多的问题，急需改变这种“单中心”的环境治理机制。尝试利用多元主体参与的环境治理机制来改变当前以政府为单一主体的环境治理机制，推动农村生活污染治理朝着“有效治理”的方向前进。

结合实地调查与理论研究，要实现农村生活污染治理从地方政府“重视治理”转向“有效治理”，需要地方政府、村庄组织和环境市场都做好相应的准备，实现多元主体互动型环境治理机制的建构。首先，地方政府需要转变原有的环境治理理念和环境治理机制，从农村社会的自然、经济、社会与文化状况出发来开展环境治理。其次，对村庄来说，村民自身主体性表达、地方精英的领导、集体经济的支持和社会关系的重塑等方面都是开展多元主体互动型环境治理的重要社会基础。最后，在政府和村庄主体互动的背景下，需要加强市场机制的建设，促进治理技术、市场配置和法律规范方面的完善，为农村生活污染提供更有效、广阔和持续性的环境治理市场。

---

① 埃莉诺·奥斯特罗姆，2015. 公共资源的未来：超越市场失灵和政府管制[M]. 北京：中国人民大学出版社，34.

第八章　结　　论

随着农村生活污染治理阶段的推进和治理要求的提高，越来越多的农村开始转变政府主导型环境治理机制，寻求从农村社会自身以及市场机制、社会组织等主体出发来构建各类新型的农村生活污染治理机制。内发调整型环境治理机制、多元主体互动型环境治理机制已经成为部分村庄开展生活污染治理的一种选择。从治理机制本身的比较来看，从单一主体转变到二元或多元主体，实现了由单一地方政府主导的环境治理机制过渡到政府、村庄、市场以及社会组织等多类主体共同参与农村生活污染治理的阶段。多元主体互动型环境治理机制的构建避免了政府主导型环境治理机制不符合农村社会实际、治理成本高、容易制造地方政府与村民之间的矛盾等弊端，在农村生活污染治理过程中融入村民的建议、环境市场管理机制与适用技术等，提高农村生活污染治理的效率。

但是，从农村生活污染治理机制的运行逻辑来分析，不同的环境治理机制之间并不是简单的主体数量增加或不同主体之间的差别，更多的是需要分析生活污染治理机制本身对农村社会的适应性与有效性。从农村社会的实际情况出发来建构有效的生活污染治理机制，体现农村社会在多元主体参与生活污染治理过程中自身的特点，尤其是注重回归农村生活主体，从农民自身需求、农村发展规律来设定环境治理机制。与此同时，此类多元主体互动型环境治理机制从本质上来分析，是政府、村庄、市场等不同主体之间权力关系的变化。在现有的管理体制下，农村社会通过自身的社会结构、社会关系形成了一个有组织的社会有机体，以此来调整地方政府主导的生活污染治理机制，行为背后反映的则是村庄作为一个整体如何与地方政府在农村生活污染治理上进行权力关系的调整，实现政府管理与村庄自治之间的动态平衡。

第一节　回归农村生活主体的污染治理机制

当乡村成为农村居民的生活空间，农村居民才有可能拒绝农村的环境污染。如果我们仅仅将乡村看作一个农业生产的空间，那么就很难打破“工业生产-农村消费-环境污染”的链条，只有当乡村成为乡村居民的生活空间，乡村居民有权力选择其生活方式，才会拒绝污染，美丽乡村才能变成现实①。借助于乡村环境治理的理念，我们认为应对农村生活污染治理同样需要回归农村生活主体，从农村社会的具体情况出发来审视当前各类生活污染治理机制。基于农村社会的社会结构与社会关系来组织当地村民形成统一的社会有机体，来与地方政府、市场机制等主体进行互动，形成动态、平衡的关系来促进当地农村生活污染治理机制的建构。

与埃莉诺·奥斯特罗姆提出的针对自然资源管理的“多中心治理”理论不同，多元主体互动型环境治理机制在应对农村生活污染过程中除了不同主体之间进行互动与共同参与环境治理之外，更强调回归农村生活主体的一些生产生活需求与环境治理诉求。多元主体互动型环境治理机制除了注重环境治理之外，还试图从农村社会内部出发寻求与生活污染治理相协调的社会结构与社会关系。日本社会学家鸟越皓之等在20世纪70年代末对日本琵琶湖进行与综合开发相关的调查，逐渐酝酿出了“生活环境主义”的环境治理模式。与生活环境主义理论相对应的则是“自然环境保护主义”和“现代技术主义”，它基本上是以生活体系能否得到保护为基准来判断环境问题，这与生态系统能否得到保护的自然环境主义的判断基准是有所不同的。生活环境主义就是通过尊重和挖掘并激活“当地的生活”中的智慧，来解决环境问题的一种方法，换句话说，就是

① 王晓毅，2018. 再造生存空间：乡村振兴与环境治理［J］. 北京师范大学学报（社会科学版）(6)：124-130.

既能从生活的角度“安抚”自然，又能使其成果得到反馈，用来改善并丰富当地人的生活的一种方法①。与生活环境主义相似，多元主体互动型环境治理机制也强调回归到当地村民的生活中去，把中国农村社会的生产生活方式与生活污染治理有机结合起来，寻求多元化的污染治理途径与手段，降低环境治理机制带来的各类负面影响。

基于浙江三个村庄的田野调查和相关理论知识的梳理，比较政府主导型环境治理机制与多元主体互动型环境治理机制在应对农村生活污染时的不同行动策略，可以进一步明确回归农村生活主体的生活污染治理机制的重要价值与现实意义。

从村庄层面来分析，一是重视村民主体性表达。村民作为农村生活的重要主体，在农村进行长期的生产生活实践，了解农村自然环境的特点与掌握农村社会的基本社会关系与社会规范，对农村生活污染治理方案有自身的观点与看法。所以，从当前生活污染治理层面来分析，注重农民主体性的表达是多元主体互动型环境治理机制建构最重要的特点之一。二是利用地方精英的组织与协调。重视村民自身的主体性是实现多元主体互动型环境治理机制的第一步，但是村民的主体性表达必须要通过地方社会内部的组织与统一。这在很大程度上需要地方精英的有力引导与组织村民来统一参与村庄公共事物的治理，否则，村民的主体性职能流于个体意见的分散表达难以形成统一的、组织化的实践措施。三是需要重塑村庄内部的社会关系。与现有的西方社会治理理论最大的不同之处就体现在环境治理机制建构需要的社会关系基础。中国农村社会结构所依赖的仍是传统农村社会流传下来的“熟人社会”所依存的社会关系。村庄内部人与人之间都是基于亲缘、血缘、地缘关系形成的富有伸缩的社会圈子的“差序格局”。在这类社会结构中，从己向外推以构成的社会范围是一根根私人联系，每根绳子被一种道德要素维持

① 鸟越皓之，闰美芳．日本的环境社会学与生活环境主义［J］．学海（3）：42-54.

着[①]。所以，除了地方精英的有效领导与组织之外，村庄内部的社会关系必须得以重塑，否则在现代性的侵袭下农村社会趋于原子化的社会状况难以组织村民参与公共事物的治理。四是壮大村庄集体经济。在当前村庄公共事物治理过程中离不开经济基础强有力的支撑，需要利用村庄集体经济来调动与支配村庄公共事物治理工作的开展。与中央政府和地方政府直接投入公共物品所不同，村庄集体经济是村庄组织调动与组织村民参与公共事物治理的重要经济力量。例如在陆家村生活垃圾分类处理制度建立过程中，村干部与村民根据村庄特点建立了一整套村民参与环境治理的社会机制，就需要村集体经济作为支撑来对村民的日常生活垃圾分类行为进行奖励与惩罚，提高村民参与垃圾分类的积极性。

从政府的角度来看，同样需要改变原来在生活污染治理过程中扮演的角色。一是环境治理理念上需要转变。从原来以“政府的视角”来开展农村生活污染治理的治理理念转变到“环境治理结合农村社会实际”的治理理念，避免政府主导型环境治理机制单一的环境治理带来的环境负效应。二是在农村生活污染治理机制上则需要充分结合当地村庄主体的参与。地方政府作为村庄生活污染治理的重要主体之一，难免会出现主体单一、管理机制不符合农村社会实际的问题。把当地村民作为村庄主体纳入农村生活污染治理机制中是实现环境治理机制转变与调整的必要条件，这其中，地方政府转变单一政府主体治理机制到多元主体共同参与的治理机制是实现农村生活污染有效治理的重要方面。

从市场的层面来看，从当前中国农村环境市场的实际情况来判断，在农村生活污染治理过程中，环境市场的应用并不完善但已经起步。通过利用一些可适用的环境治理技术可以应对农村生活污染中外来工业制品处理的难题，提高生活污染治理的效率。再者，利用一些市场资源配置的方式有助于完善现有日常农村生产生活中的环境管理机制，进一步节省环境治理成本与提高环境资源配置效

① 费孝通，2006. 乡土中国［M］. 上海：上海人民出版社，14-15.

率。最后，不断完善当前生活污染治理过程中各项市场规范与制度，有助于健全现有的生活污染治理的市场环境，强化农村生活污染治理的市场化手段与机制。

第二节 现代社会中政府管理与村庄自治之间的关系

从农村生活污染治理的社会逻辑来看，不同类型的环境治理机制建构背后是各种关系变化的表现。各个主体基于自身利益的考虑与比较在“权力游戏”[①] 中进行相互博弈与合作，当地方政府、村庄组织、市场机制与社会组织等在农村生活污染治理过程中达到比较平衡的状态时，农村生活污染治理机制才算得以合理地建构起来。

一、地方政府主导生活污染治理机制

在当前的制度框架下，地方政府在农村生活污染治理过程中不仅掌握着各类项目的选址、规划、审批和考核等一整套项目实施的国家权力，并且还可以制定相应的操作性地方法规，制定各种配套性的地方政策[②]。例如，在白家村生活污水治理过程中，地方政府根据环境管理的要求以及上级政府政治绩效考核的标准设定了当地生活污水治理项目，并按照政绩考核的要求出台了生活污水治理的日常管理条例来规范农村生活污水问题。这是一种典型的地方政府主导型环境治理的行动策略，按照“政府的视角”来设立相应的生活污水治理要求与制度，完全是按照“自上而下”的科层制管理机制来运作治理机制。

与此同时，地方政府利用行政力量来固化相应的农村生活污染

---

① 乌尔里希·贝克，2003. 风险社会［M］. 南京：译林出版社，35.

② 王芳，2018. 事实与建构：转型加速期中国区域环境风险的社会学研究［M］. 上海：上海人民出版社，101.

治理过程。通过政策、媒体、宣传等方式来进一步强化地方政府在农村生活污染治理方面的主导型行动方式。

地方政府在开展农村生活污染治理机制时，主要采取的行动策略包括：一是在财政支持项目运作的同时把政府环境管理制度纳入农村生活污染治理过程，形成一种资源整合方面的强势力量；二是持续通过政治资源的控制手段来强化地方政府在农村生活污染治理中的主导作用。

但是，随着环境治理阶段的推进和上级政府对环境治理考核要求的提高，不少地方政府的形象工程等也越来越少。与此同时，以村民为主体的村庄组织在开展生活污染治理过程中越来越意识到政府主导型环境治理机制运行出现的弊端，部分村庄通过村庄内部自发组织的方式来调整与改变。所以，地方政府在上下两个层面遇到了不同力量的影响，也开始思考如何完善现有的农村生活污染治理机制，注重环境治理实效的同时节约治理成本和提高制度的适用性。

二、村庄社会基础的发育改变生活污染治理机制

在农村生活污染治理的初期阶段，农村社会缺乏技术、资金、管理经验等，对比地方政府的各项资源整合能力处于劣势，难以抗衡地方政府的权力控制力量。在这一时期，地方政府主导型环境治理机制在农村生活污染治理中发挥主导作用，并在一定程度上有效缓解了部分村庄严重的生活污染状况。

随着环境治理要求更加精细化、具有针对性，部分农村难以满足于地方政府“一刀切”式的环境治理机制，开始利用村庄有机体来影响地方政府的环境制度。权力弱势的一方可以借助他们掌握的某些资源对权力强势的一方施加一定程度的影响，权力强势的一方也会在某些方面受制于权力弱势的一方①。面对具有权力优势的地方政府，村庄通过社会关系、经济利益、文化宣传等方式来组织村

① 龚文娟，2013. 约制与建构：环境议题的呈现机制［J］. 社会（1）：161-194.

民形成统一的行动主体来影响地方政府环境决策与调整环境治理机制。在部分村庄内部，村干部和村民结合村庄特点自发地调整环境治理机制，而不是完全照搬地方政府环境治理机制要求来开展污染治理，一些村干部在执行地方政府环境治理政策与制度时学会灵活变通与适时调整，结合村庄的实际情况来对环境治理机制进行转换。

随着农村社会在面对地方政府主导型环境治理行动策略的改变，村庄在生活污染治理中表达主体性，地方政府出于有效治理和上级政府环保考核与督查的要求，也会根据村民的环境治理需求做出一些调整，并适时融入一些环境市场机制，形成多元主体之间的合理互动与反复协商机制。正是由于村庄在农村生活污染治理中发挥着社会基础的作用，通过村民主体性的表达、村干部的引导与组织、村庄社会关系的重塑以及村集体经济的壮大，逐渐达到村庄组织、地方政府、市场机制等主体之间的均衡状态，使得环境治理中各主体之间的关系保持稳定。“治理主体的多元化要求治理权力必须向多元化配置，形成良好的权力结构，只有各个主体配权合理、职责适度、分工合作，才能形成总体优势，发挥整体功能。”①

从陆家村生活垃圾分类情况来分析，村庄组织在生活污染治理过程中能够与地方政府进行博弈主要是取决于村庄内部社会基础的发育状况，只有等到村庄自身具备了整合村庄资源优势的时候才有可能成为参与主体开展环境治理。同时，地方政府在面对越来越高的环境治理要求与农村社会复杂的社会关系时，自身也意识到农村生活污染治理不能依赖单一的政府主导型治理机制，只有充分了解农村自然地理、社会结构、地方文化等方面的现实情况，才能制定具有针对性的生活垃圾分类处理制度。所以，在出台有关的垃圾分类制度之后，地方政府也善于从村庄实践过程中吸取经验教训适时地调整农村垃圾分类管理制度，进一步提高治理机制在农村的适用性与环境治理效率。

① 石国亮，2012. 论社区建构的过程［J］. 理论与改革（3）：92-95.

综上所述，地方政府在开展农村生活污染治理时通过权力优势来推行地方政府主导型环境治理机制，并按照“自上而下”的科层制管理机制来推行各项治理机制。从环境治理的初期阶段来看，地方政府主导型环境治理机制具有一定的治理效应，能够缓解农村社会面临的严重生活污染问题。但是，农村社会在生活污染治理过程中并不是被动接受、一成不变的参与主体。随着政府主导型环境治理机制的不断推进，村庄在实践过程中发现越来越多的不足与弊端，这时，部分村庄的村民开始反思地方政府主导的环境治理机制的有效性与适用性，并通过村庄社会关系来整合各项资源以影响地方政府的决策，力图通过互动关系把村民的需求融入环境治理机制，实现多元主体在动态平衡中开展环境治理。

参 考 文 献

阿瑟·莫尔，戴维·索南菲尔德，2011. 世界范围的生态现代化：观点和关键争论［M］. 北京：商务印书馆.
埃莉诺·奥斯特罗姆，2000. 公共事物的治理之道：集体行动制度的演进［M］. 上海：上海译文出版社.
埃莉诺·奥斯特罗姆，2015. 公共资源的未来：超越市场失灵和政府管制［M］. 北京：中国人民大学出版社.
安东尼·吉登斯，2000. 现代性的后果［M］. 南京：译林出版社.
包智明，2010. 环境问题研究的社会学理论：日本学者的研究［J］. 学海（2）：85-90.
蔡守秋，2009. 环境政策学［M］. 北京：科学出版社.
陈阿江，2000. 水域污染的社会学解释：东村个案研究［J］. 南京师大学报（社会科学版）（1）：62-69.
陈阿江，2010. 次生焦虑：太湖流域水污染的社会解读［M］. 北京：中国社会科学出版社.
陈阿江，2012. 农村垃圾处置：传统生态要义与现代技术相结合［J］. 传承（3）：81.
陈阿江，王婧，2013. 游牧的"小农化"及其环境后果［J］. 学海（1）：55-63.
陈秋红，黄鑫，2018. 农村环境管理中的政府角色：基于政策文本的分析［J］.河海大学学报（哲学社会科学版）（1）：54-61+91.
陈占江，包智明，2014. 农民环境抗争的历史演变与策略转换：基于宏观结构与微观行动的关联性考察［J］. 中央民族大学学报（哲学社会科学版）（3）：98-103.
崔凤，唐国建，2010. 环境社会学［M］. 北京：北京师范大学出版社.
杜赞奇，2004. 文化、权力与国家［M］. 王福明，译. 南京：江苏人民出版社.

富兰克林·H. 金，2011. 四千年农夫：中国、朝鲜和日本的永续农业 [M]. 程存旺，石嫣，译. 北京：东方出版社.

方世南，张伟平，2004. 生态环境问题的制度根源及其出路 [J]. 自然辩证法研究（5）：1-4+9.

费孝通，1998. 乡土中国 生育制度 [M]. 北京：北京大学出版社.

费孝通，1999. 小城镇大问题 [M]. 北京：群言出版社.

龚文娟，2013. 约制与建构：环境议题的呈现机制 [J]. 社会（1）：161-194.

贺雪峰，2019. 乡村振兴与农村集体经济 [J]. 武汉大学学报（哲学社会科学版）（4）：185-192.

贺雪峰，何包钢，2002. 民主化村级治理的两种类型：村集体经济状况对村民自治的影响 [J]. 中国农村观察（6）：46-52+81.

洪大用，2000. 当代中国社会转型与环境问题：一个初步的分析框架 [J]. 东南学术（5）：83-90.

洪大用，2001. 社会变迁与环境问题：当代中国环境问题的社会学阐释 [M]. 北京：首都师范大学出版社.

洪大用，马芳馨，2004. 二元社会结构的再生产：中国农村面源污染的社会学分析 [J]. 社会学研究（4）：1-7.

洪大用，2008. 试论改进中国环境治理的新方向 [J]. 湖南社会科学（3）：79-82.

洪大用，2014. 环境社会学的研究与反思 [J]. 思想战线（4）：83-91.

詹姆斯·C. 斯科特，2004. 国家的视角：那些试图改善人类状况的项目是如何失败的 [M]. 王晓毅，译. 北京：社会科学文献出版社.

吉登斯，1998. 社会的构成 [M]. 李康，等译. 北京：生活·读书·新知三联书店.

金太军，唐玉青，2011. 区域生态府际合作治理困境及其消解 [J]. 南京师大学报（社会科学版）（5）：17-22.

金太军，沈承诚，2012. 政府生态治理、地方政府核心行动者与政治锦标赛 [J]. 南京社会科学（6）：65-70+77.

柯武刚，史漫飞，2002. 制度经济学 [M]. 韩朝华，译. 北京：商务印书馆.

迈克尔·贝尔，2010. 环境社会学的邀请 [M]. 北京：北京大学出版社.

麻国庆，1993. 环境研究的社会文化观 [J]. 社会学研究（5）：44-49.

麻国庆，2005. “公”的水与“私”的水：游牧和传统农耕蒙古族“水”的利用与地域社会 [J]. 开放时代（1）：83-94.

马立博，2015. 中国环境史：从史前到现在［M］. 北京：中国人民大学出版社.

马国栋，2011. 发展中的生态现代化理论：阶段、议题与关系网络［J］. 中国地质大学学报（社会科学版）(5)：41-46+52.

马戎，1998. 必须重视环境社会学：谈社会学在环境科学中的应用［J］. 北京大学学报（哲学社会科学版）(4)：102-109.

毛寿龙，2010. 公共事物的治理之道［J］. 江苏行政学院学报（1）：100-105.

鸟越皓之，2009. 环境社会学：站在生活者的角度思考［M］. 北京：中国环境科学出版社.

鸟越皓之，闰美芳，2011. 日本的环境社会学与生活环境主义［J］. 学海（3）：42-54.

冉冉，2013. "压力型体制"下的政治激励与地方环境治理［J］. 经济社会体制比较（3）：111-118.

尚杰，杨立斌，朱美容，2016. 多中心治理视角下的中国农村面源污染治理［M］. 北京：科学出版社.

史念海，2001. 黄土高原历史地理研究［M］. 郑州：黄河水利出版社.

宋林飞，2007. 生态文明理论与实践［J］. 南京社会科学（12）：3-9.

陶传进，2005. 环境治理：以社区为基础［M］. 北京：社会科学文献出版社.

童志锋，2013. 政治机会结构变迁与农村集体行动的生成：基于环境抗争的研究［J］. 理论月刊（3）：161-165.

王朝才，2011. 进一步促进农村环境保护的财政政策研究［J］. 经济研究参考（32）：2-17+44.

王芳，2016. 合作与制衡：环境风险的复合型治理初论［J］. 学习与实践（5）：86-94.

王芳，2009. 结构转向：环境治理中的制度困境与体制创新［J］. 广西民族大学学报（哲学社会科学版）(4)：8-13.

王浩，徐继敏，2016. 我国地方政府环境责任体系的问题与建构［J］. 江淮论坛（1）：68-72.

王建革，2016. 江南环境史研究［M］. 北京：科学出版社.

王晓毅，2009. 环境压力下的草原社区：内蒙古六个嘎查村的调查［M］. 北京：社会科学文献出版社.

王晓毅，2010. 沦为附庸的乡村与环境恶化［J］. 学海（2）：60-62.

王跃生，1999. 家庭责任制、农户行为与农业中的环境生态问题［J］. 北京大学学报（哲学社会科学版）（3）：43-50+157.
乌东峰，2005. 论中国传统农业生态观与治理［J］. 求索（2）：4-7.
乌尔里希·贝克，2003. 风险社会［M］. 南京：译林出版社.
徐婷婷，沈承诚，2012. 论政府生态治理的三重困境：理念差异、利益博弈与技术障碍［J］. 江海学刊（3）：228-233.
荀丽丽，包智明，2007. 政府动员型环境政策及其地方实践：关于内蒙古S旗生态移民的社会学分析［J］. 中国社会科学（5）：114-128.
约翰·贝拉米·福斯特，2006. 生态危机与资本主义［M］. 上海：上海译文出版社.
约翰·汉尼根，2009. 环境社会学［M］. 2版. 北京：中国人民大学出版社.
张后虎，张毅敏，2009. 农村生活垃圾现状及处置技术初探：以太湖流域为例［J］. 环境卫生工程（4）：9-11+14.
张玉林，2006. 政经一体化开发机制与中国农村的环境冲突［J］. 探索与争鸣（5）：26-28.
张玉林，2010. 环境抗争的中国经验［J］. 学海（2）：66-68.
郑杭生，2013. 社会学概论新修［M］. 北京：中国人民大学出版社.
周黎安，2007. 中国地方官员的晋升锦标赛模式研究［J］. 经济研究（7）：36-50.
周雪光，2009. 基层政府间的"共谋现象"：一个政府行为的制度逻辑［J］. 开放时代（12）：40-55.
BOB EDWARDS，ANTHONY E LADD，2000. Environmental Justice，Swine Production and Farm Loss in North Carolina［J］. Sociological Spectrum，20（3）：263-290.
ELVIN MARK，2004. The Retreat of the Elephants：An Environmental History of China［M］. New Haven：Yale University Press.
HARDIN G，1968. The Tragedy of the Commons［J］. Science，162（13）：1243-1248.
HARPER CHARLES，1996. Environment and Society：Human Perspectives on Environmental Issues［M］. Upper Saddle River，New Jersey：Prentice Hall.
KARA CHAN，1998. Mass Communication and Pro-environmental Behaviour：Waste Recycling in Hong Kong［J］. Journal of Environmental Management，52（4）：317-325.

MOL A P J，CARTER N T，2006. China's Environmental Governance in Transition [J]. Environmental Politics，15 (2)：149-170.

MOL A P J，SONNENFELD D A，2000. Ecological Modernisation Around the World：Perspectives and Critical Debates [M]. London and Portland：Frank Cass & Co. Ltd.

MONCRIEF L W，1970. The Cultural Basis for Our Environmental Crisis [J]. Science，17 (3957)：508-512.

SCHNAIBERG A，PELLOW D N，WEINBERG A，2002. The Treadmill of Production and The Environmental State [M]. London：Emerald Group Publishing Limited.

SCHNAIBERG ALLAN，1980. The Environment：From Surplus to Scarcity [M]. New York：Oxford University Press.

SCHNAIBERG ALLAN，GOULD KENNETH ALAN，1994. Environment and Society：The Enduring Conflict [M]. New York：St. Martin's Press.

ULRICH BECK，1992. Risk Society：Towards a New Modernity [M]. London：Sage Publication.

WILLIAM R CATTON，JR RILEY E DUNLAP，1978. Environmental Sociology：A New Paradigm [J]. The American Sociologist，13 (1)：41-49.

致　谢

转瞬间，在社会学研究所博士后流动站学习的时间已经超过两年。这两年里的各项活动，不仅使自己有了更宽广的视野，而且让自己有了很多新的尝试，第一次独立参与政府项目的合作、第一次踏上非洲土地开展实地调查、第一次在国外参加学术会议……所有这些，不仅让自己进行学术研究和实地参与项目的能力有了新的提升，更重要的是激发了新的学术研究目标和学术探索动力。当然，这一切的机会都离不开导师王晓毅研究员的支持。感谢王老师在博士后期间给我提供的各类学习和实践机会以及学术方面的悉心指导。在王老师的指引下，我把博士后期间的研究聚焦于农村生活污染治理或者说人居环境整治方面，这也让我有机会对这一领域的研究内容与现实社会状况有了充分地了解，开拓了自己今后一个重要的研究方向。

同时，还要感谢各位老师：张浩老师时常关心我学术和生活方面的情况；张倩老师在学术上给予很大的帮助；荀丽丽老师提供了良好的实地调查机会；张劼颖老师不仅有学术方面的交流，还有家庭生活和养育孩子经验的传授；宗阳老师如朋友一样经常和我进行各方面的交流；和阿妮尔在项目方面有很愉快地合作与交流。

感谢社会学研究所领导给予的指导与帮助。陈所和王所对我博士后出站报告中期考核给予了很重要的指导，使自己更明确了后期的研究方向与避免可能的误区。穆书记则如亲切的长辈一样关心自己，对家庭情况、今后的工作、学术研究状况等方面进行询问，并给出一些中肯的建议。刁处则如兄长一般照顾我，在科研处坐班期间教会了我很多处理行政事务方面的技巧，还给我推荐了一些很好的就业机会。黄丽娜老师在工作上严格要求我，按照所里规定的时间和要求完成博士后各项任务，而在生活中则如朋友一样待我，让我品尝到了藏在北京各处的美食。还有科研处、办公室以及所内各研究室的老师，限于篇幅，不一一列举。

最后，我想说的是，珍惜博士后期间所得到的一切，将以此作为自己今后努力的基础，让自己在学术道路上有更好的成长并交出令人满意的成果！

蒋　培

2019年12月8日

图书在版编目（CIP）数据

转型期农村生活污染治理的机制选择：基于浙江三个村庄的经验研究 / 蒋培著．—北京：中国农业出版社，2022.4

ISBN 978-7-109-29332-8

Ⅰ．①转… Ⅱ．①蒋… Ⅲ．①农村—污染防治—研究—浙江 Ⅳ．①X505

中国版本图书馆 CIP 数据核字（2022）第 062238 号

中国农业出版社出版

地址：北京市朝阳区麦子店街 18 号楼

邮编：100125

责任编辑：卫晋津　吴丽婷

版式设计：杨　婧　　责任校对：沙凯霖

印刷：北京印刷一厂

版次：2022 年 4 月第 1 版

印次：2022 年 4 月北京第 1 次印刷

发行：新华书店北京发行所

开本：880mm×1230mm　1/32

印张：5.75

字数：200 千字

定价：48.00 元
